U0124545

天下雜誌
觀念領先

好問題建立好關係

善用發問的力量，贏得好感，招來職場、人際、人生的好機運

Power Questions

Build Relationships, Win New Business, and Influence Others

安德魯 ・索柏 Andrew Sobel
傑洛 ・帕拿 Jerold Panas —— 著

顧淑馨 —— 譯

好問題建立好關係

目錄

PART3 開啟人生對話

各界推薦

「我從事業務工作十二年，廣播主持七年，企業講師十四年，很多人都以為靠的是口才辨給的能力。殊不知，我的工作因為時常必須面對陌生人，為了快速建立關係，產生一定程度的互信基礎，進而能夠引導客戶、聽眾、學員達到我想要的目標與方向，我必須大量使用聆聽與發問技巧，讓對方持續說出我想要的答案。本書利用 33 種情境的脈絡，讓我的發問邏輯，找到心有靈犀的共鳴點。」

企業講師／作家／廣播主持人 謝文憲

「提問是一種藝術，更是一種智慧的展現！從古至今，無論在哪個領域的智者、頂尖高手，都具備『提問力』。舉凡：耶穌、蘇格拉底、愛因斯坦、莎士比亞、彼得・杜拉克、賈伯斯、比爾蓋茲、張忠謀……等，都因懂得提問，帶動發現更多、學的更多，甚至影響了許多人！誠如本書所提的：『問對問題永遠比答對答案更有威力！』我深切的感受，在職場、人際、人生，因為好的提問可以帶來的一連串的好契機。本書已具體證明，問對問題可以帶來一連串的好處，例如：建立信任關係、問出真正關鍵、幫助反思、找到決策關鍵、打開話題、拉近距離、跳出思考框架、認識自己，甚至影響自己與別人一生！

如果你不知道如何快速學會問對問題的技術，這本書將是你活用提問力、開啟智慧的最佳實戰寶典。」

SmartM 世紀智庫執行長 許景泰

「多數人都會在意自己是否能回答難題，顯示自己的知識、智慧和實力，但很少會注意到，其實會問問題（包含在對的時間、問對的人對的問題），可以帶來意想不到的助力。

我在擔任更繁重的管理職位以及主持《馬力歐陪你喝一杯》這個 podcast 節目之後，才開始意識到這一點。當我問到好問題時，會很明顯的感受到我的同事和上節目的來賓有清楚的回應。相反地，當我沒有問好問題時，在溝通和策略規劃就會遇到障礙。

也因此我認為《好問題建立好關係》這本在國外已經是好陣子暢銷書的著作，非常值得一讀。不管你從事什麼工作，在現代職場上會問問題的威力，有時候遠超出你的想像。如果你不知道該怎麼問問題，不妨先來看看這本書。」

「關鍵評論網」共同創辦人暨內容長 楊士範

「這本書太棒了，不僅一定要讀，還要隨時擺在手邊，因為這些問題的強大威力，可以豐富你人生的每一個階段。」

《一分鐘經理人》（*The One Minute Manager*）共同作者

肯・布蘭查（Ken Blanchard）

「兩位作者在這本引人入勝的《好問題建立好關係》裡，證明了強而有力的問題，可以把一場平凡談話，轉變成絕佳機遇……非常有幫助的一流好書。」

《環球郵報》（*The Globe and Mail*）

「《好問題建立好關係》已經成為我的最愛，是我隨身攜帶的商業書。兩位作者精心針對常見的情境，搭配了 337 個關鍵問題，我一口氣全部讀完，然後不到 24 小時就運用了其中的問題，敲定演講邀約。」

《富比士》網站（*Forbes.com*）

「向潛在顧客推銷，不要再用天花亂墜的機智口才。有威力的問題可以讓會議重新聚焦，讓大家不再分心，最後幫助你贏得新生意。」

美國運通網站（*American Express.com*）夏季十大好書推薦

「我們送人最好的禮物，就是詢問對方的想法，然後用心聽、認真答。兩位作者把這個強而有力的觀念，變成令人信服的實用建議，透過問問題，找出能改變一生的驚喜答案。」

博思艾倫顧問公司（Booz Allen Hamilton）董事長兼執行長

洛夫・史瑞德（Ralph W. Shrader）

「這本書太神奇了，帶給我們強大的觀念衝擊，更帶你觸及一個人的理性與感性。我強力推薦！」

西北人壽（Northwestern Mutual）董事長兼執行長

約翰・許利福斯克（John Schlifske）

「《好問題建立好關係》讓人很容易就拿起來讀，卻讓人很難放下它。兩位作者帶給我們紮實的教戰手冊，教我們建立更穩固的人際關係。不論你正在職涯的哪個階段，也不論你是從頭讀到尾，或是為了開會只參考幾頁，這本書都是寶貴的資源。」

高知特科技（Cognizant）執行長

法蘭克・杜澤薩（Frank D'Souza）

「讀這本書就像是在聽 CEO、政治人物、宗教領袖和創業家彼此間的精采對話。這本書太有趣了。」

揚雅廣告（Young & Rubicam）全球執行長

大衛・賽伯（David Sable）

「兩位作者提出了發人深省的論點，強調要透過問問題，提出量身打造的建議，然後建立起關係。書中採用大量的例子來闡釋這個觀念。一頁一頁讀下來，他們的立論就愈來愈有說服力。」

駿懋銀行（Lloyds Banking Group）董事長

溫福瑞・畢修夫爵士（Sir Winfried Bischoff）

推薦序

有系統地學習發問

發問是一門學問，無論是解決衝突還是談判、銷售，我們都想知道對方到底想什麼，或到底要什麼。這當然不能夠憑空猜測，最好還能夠問他一下。可是我們卻不會發問。很多人以為只要我們開口，人家自然會給答案。可是人家為什麼要給答案？經常我們會發現，問出來以後所得到的都是標準答案，不是真實的答案。為什麼會這樣？

因為我們對於別人提出的問題，往往都會有一種焦慮：不知道他提出這個問題的目的是什麼？因此都會選擇用最安全的方式，給一個不痛不癢的答案，但對我們了解事實的真相根本沒有幫助。

所以才有談判學者建議，發問的時候最好把發問的目的先講，這樣才能避免不必要的焦慮。我們常常是把發問的目的放在心裡，沒有講出來，所以人家會亂猜。如果能多花個幾秒鐘，把發問的目的放在問號前面，你會發現不知可以省掉多少不必要的煩惱。

還有學者建議，發問時應少問為什麼，而要問怎麼做。比如，不要問屬下，為什麼你們不能合作？而應該問他們，要怎樣才能讓你們合作？也就是少用 why，多用 how。問為什麼是一種責難，是向後看的，問怎麼做是一種積極思考，是向前看的。向後看有點算舊帳的味道，會引起對方的防衛性，而且人家也未必願意講真正的原因，所以我們根本不必管這一塊，而應直接把問題導向前瞻性的思考，這樣對解決問題也比較有正面意義。

每一個發問，其實背後都有理論的基礎，與一套管理的邏輯。理論是土壤，一個個問題是土壤開出來的花。本書的好處，就是把這些花分門別類，根據不同的情境，一個個整理出來，讓讀者可以立刻上手。你可以學發問，也可以掩卷沉思這些例句後面所帶出來的管理哲學。當然，這裡也有文化差異。有些問題可能在西方社會可以這麼問，但在東方社會，這樣的問題卻未必能達到我們想要的目的。這也是我們在讀這本書時，可以旁及衍伸，順手做一比較的地方。

所以我很推薦這本書給所有想學發問的朋友。告別耍嘴皮子的花稍，正式進入有系統學習發問的領域，就從這本書開始！

劉必榮

（東吳大學政治系教授／和風談判學院主持人）

前言

問得好比答對更重要

我們很舒服地坐在一間灑滿陽光的辦公室裡，地點位於芝加哥某摩天大樓的40樓。我們請教那位執行長：「如果有人想要和你做生意，在見面時最能讓你留下深刻印象的，是什麼舉動？在剛開始和你建立關係時，要做什麼才能讓你覺得可靠又值得信賴？」

這位執行長經營一家規模120億美元的公司，我們特地來訪問他，請他談談自己最信賴的生意往來對象。他們公司與這些服務業者和供應商頻繁往來，而這些業者也是他所信賴的核心顧問群。

他說：「對於將來可能合作的顧問、銀行家或律師，我只要從對方提出的問題好不好，以及認真聆聽的程度，便能夠判斷他的經驗和見地到什麼水準，就這麼簡單。」

他這番直接的回答，總括地點出了建立關係的重點，這也是數百位我們輔導的客戶和訪問對象，都肯定的一句話：問對問題，往往遠比答對問題更有威力。

適切的問題可以挑戰思想，重新建構和定義難題；可以對我們根深柢固的觀念澆冷水，迫使我們走出傳統的思維；可以帶動我們學得更多，發現更多，並且提醒我們人生最重要的是什麼。

在古代改變歷史的大智慧者，如蘇格拉底和耶穌，都曾經善用問題而獲得無比的效果。「問題」是他們的教導工具，是徹底改變周遭人物的方法。在後面的章節還會請出這兩位大人物，好讓我們學習他們的技巧。

不過各位讀者在這本書中，還會見到數十位具代表性的人物，有企業領導人、牧師、億萬富翁、律師、醫學中心執行長等等。他們都很出色（有些人你可能認識），而其人生的關鍵轉折點，都歸因於一個強而有力的問題。

愛因斯坦（Albert Einstein）和杜拉克（Peter Drucker）等二十世紀偉大的知識分子，也都喜歡問有挑戰的問題。

愛因斯坦年輕時的某天早上，看見一片花海上燦爛的陽光，便自問：「我可以乘著那道光線旅行嗎？我可以達到光速或者比光速更快嗎？」日後他曾對友人說：「我沒有什麼特殊的天分，只是滿懷著熱切的好奇心。」

杜拉克是管理學領域公認的大思想家，以對客戶的犀利提問著稱。他不是給客戶建議，而是單刀直入提出尖銳的問題，譬如：「你到底是做哪一門生意？」「你的顧客最重視什麼？」

有一次記者以「顧問」（consultant）稱呼杜拉克，他表示反對，說自己其實是「顧人怨」（insultant，原意為羞辱者）：他喜歡對客戶提出難以回答的直接問題，這個稱號可說是做了最佳註解。

偉大的藝術家總是能夠參透問題的魔力，在各種文學作品中，最著名最戲劇化的一句話，便圍繞著一個簡單的問題——此即莎士比亞（William Shakespeare）筆下的哈姆雷特王子（Hamlet），在思考生死大事時說道：「要生存還是毀滅，那才是問題所在。」（To be, or not to be, that is the question.）

我們採用《好問題建立好關係》做為本書的書名，原因在於書中選出的問題，具有為你的對話賦予新生命的威力，並且是以令人喜出望外的方式產生這種效果。這些問題是切中要害的利器，是打開緊閉門戶的鑰匙。

以下三十三個簡短的章節，分別講述一個或多個犀利的問題，如何改變了對話的內容或局勢。我們以生活中的實例，來說明運用這些問題的方法和時機。本書最後一部分「追加 293 個好問題」，則另外列舉了 293 個問題，這些問題可以幫助你，在各種工作及個人生活場合中無往不利。

學會善用發問的力量，可以大大增進你在工作及人生的效能。這本書將會幫助你建立及深化人際關係；賣出更多的產品、服務及構想；激發出連你自己都意想不到的潛力，並且對顧客、同事及朋友發揮更大的影響力。

你是不是已經準備好，要運用犀利問題的力量來扭轉乾坤？請繼續往下讀。

PART 1

建立職場優勢

情境 1

縮小範圍，問出客戶在意的點

即使今天想起來，仍然令我羞愧不已。那是年輕時不懂事所發生的尷尬時刻，我想要力求表現，卻弄巧成拙。

用 1960 年代英國流行樂團普洛可哈倫（Procol Harum）唱的這一句：「我暈沉沉的腦袋閃閃發光，整個人瘋瘋癲癲。」形容我的情況真是再貼切不過。

當時我們正要與一家大電信公司開會，我服務的顧問公司有意爭取他們的生意。我剛升任為合夥人，一心一意迫不及待地想要爭取到重要的新客戶，要證明自己的能耐。

我下定決心，這次會議只許成功不許失敗。我全副武裝上陣，說服客戶的證據左一個右一個。我們不但要成為這家公司尋找顧問的最佳選擇，更要成為唯一的選擇。

我們一行三人，對方有五人，包括幾位肩負重任的副總經理。他們的職位雖不是最高，但也已經夠高了。我們被請進一間寬敞的會議室，那不是董事會的會議室，會議桌的桌面是黑色夾板，不是實木，不過也夠講究的。我們看著周遭環境，覺得很滿意。

我為他們每一位都準備了厚厚的資料夾，還帶了一大疊簡報投影片資料，再加上許多內容深入的書面資料。

結果證明，我準備的方向完全錯誤。

要是我早知道威爾遜總統（Woodrow Wilson）的原則就好了。他說：「如果要演講十分鐘，我需要一星期做準備；十五分鐘需要三天；半小時需要兩天。如果是一小時，我可以立刻上場。」我當時可是一點也沒有想到簡潔這回事。

會議開始後，客戶提出第一個問題，是相當制式的詢問，就像是壘球式投球，很容易應對。

「介紹一下你們公司。」

我要讓他們毫無疑慮地相信，我們是獨一無二、最有資格協助他們的公司。於是我介紹了公司的歷史，說明我們是合併了另兩家顧問公司而成。我親身參與了那段經過，因此自認把故事說得引人入勝。

我說明了公司的客戶群，分析了我們最重要的幾項研究方法，還強調了我們與客戶合作的團隊模式，以及我們多麼善於聆聽（當時實在太年輕，感覺不出來這句話有多麼諷刺）。

我捨不得省略任何一項重要事實，我認為這些事實會讓客戶印象深刻，能使他們很快決定要聘用我們。

然而我太專注於老王賣瓜，把會議桌對面的客戶忘得一乾二淨，渾然不覺自己高談闊論時，時間過得有多快。過了將近三十分鐘，我和同事終於報告完畢。然後是一片沉寂……

一位副總經理伸手到一堆檔案夾裡找東西。是想要跟我們分享他們的策略計畫影本嗎？還是一張組織圖，告訴我們還需要跟哪些人談嗎？

結果都不是，她只是拿出自己的行事曆，然後說：「謝謝，你們報告得很好。現在我要趕去開另一個會。」

太遲了！我們只建立了一點點私人的情誼，其實根本沒有。我們對該公司的目標、課題或挑戰幾乎一無所知。我們失去機會，就這樣被送出門。

（寫到這裡，我腦海裡響起巴布迪倫〔Bob Dylan〕那首〈我逝去的歲月〉〔*My Back Pages*〕：「啊，我那時候老多了，現在我比較年輕。」這令我想到，人生沒有錯誤，只有教訓。）

時間快轉。一年過後，我與資深合夥人迪威特（DeWitt）一起去做非常類似的客戶拜訪。他是身經百戰開這種會的老手，睿智的賢者。客戶問我們同樣的問題：「那請先介紹一下你們公司吧？」

迪威特想了一下，抬起頭，問道：「**你們希望知道哪些方面？**」然後就不再說話。

（我們在發問後，只要有一點點冷場，往往便會用稍微不同的詞句再問一次。我們忍不住一定要去填補一時的靜默，可是迪威特不然，他對靜默處之泰然。他很久以前就告訴過我：「一旦你把球投出去，或是提出問題之後，就閉上嘴！」）

客戶突然講得更明確：「這個嘛，你們做些什麼，我們當然大致上都很清楚。我主要是想知道，你們在亞洲有哪些專長，還有你們內部是怎麼合作的。」接下來，一番你來我往的深入交談，就由此開始了。

迪威特說：「不好意思，所謂『內部合作』能不能請你再說清楚一點？另外請問你，為什麼會想問這個問題呢？」迪威特繼續提出一些經過思考的問題，然後舉出我們最近替客戶做的案子為例，這幾個例子都是很有趣的經驗，也可以說明我們如何協助類似的客戶。

正因為迪威特的問題問得好，使我們得以知道這家公司與另一家顧問公司，有過不愉快的經驗。那家同業在廣告中說，他們的業務遍及全球，但是負責各地區的部門未能充分合作。我們也得知這個客戶在亞洲拓展的計畫，並且了解他們為什麼要尋求外部協助。

那次開會有別於一年前我和那家電信公司的接觸，我們的收穫絕對豐富多了。那次是與新客戶建立關係的起點。

隔了一星期，那家公司打電話給迪威特，要我們再去詳談，之後就請我們提案。最後迪威特持續跟他們合作，一直到八年後退休。現在那是我的客戶，是公司的終身客戶。

那次會議後，不論到哪裡，我都很樂意替迪威特拿公事包。

當對方說：「介紹一下你們公司」，這時應該設法請他們講得更明確，你可以這樣問：「你想了解我們公司的哪些方面？」
同樣地，如果有人要你「自我介紹一下」，也可以請問對方：「你想知道我的哪些方面？」

活用好問題的練習

「你想了解我們的哪些方面？」
What would you like to know about us?

別人問我們問題的時候，我們很少會請對方明確說明，他究竟想要知道什麼。你有沒有見過這種例子：有人連講了五分鐘卻答非所問，以為自己聽懂了問題，其實對方問的不是這個？那可是痛苦不已。

記得，一定要弄清楚別人想要知道什麼。如果有人說：「介紹一下你自己」，你也許會從出生年月日講起，幾個小時都講不完。但是你也可以反過來問對方，對你哪一部分的背景最感興趣，然後從那裡開始講起。

使用問題的時機

- 被問到一個籠統的問題，回答起來可能長篇大論時。
- 當時間有限，自己簡短的回答必須準確命中目標時。

同樣問題的其他問法

- 「你有興趣的是我哪一部分的背景？」
  What part of my background interests you?

- 「對於那個狀況，你希望我把重點放在哪個層面？」
  What aspect of that situation would you like me to focus on?
- 「在回答你的問題之前，想先請問，你過去有過與我們公司往來的經驗嗎？」
  Before I answer that, have you had any experience with our organization in the past?
- 「是不是容我先介紹一下，我們公司最近替類似貴公司的客戶，完成的一、兩個專案？」
  What if I started by describing a couple of examples of recent work we've done for clients like you?

接著還可以這樣問

- 「這樣回答，解答了你的疑問嗎？」
  Does that answer your question?
- 「還有沒有其他需要我解說的？」
  Is there anything else you'd like me to talk about?

情境 2

四字真言，幫你學會傾聽

「就四個字，我別無所求，那該死的四個字！」

我在喬治的辦公室，他腳步急促，走過來又走過去。我看到他的地毯上開始出現一道明顯的痕跡。

喬治是美國東南部某著名大學的副校長，我跟很多大學主管合作過，在我的紀錄裡，他是最優質的客戶。

我對他說：「沉住氣，你快要爆炸了，坐下來。」

我問他：「這什麼四個字是怎麼回事？你在說些什麼？」

他開始道出原委，可惜我以前就聽他講過。喬治剛開完學校高階主管的會議，一切照舊沒有改變。

「我們又跟校長開了一次無聊的會，耗掉我們整整三個小時，光聽他講他的理念、他打算做什麼、他的優先要務是什麼，還有他自認在校務上多麼領導有方⋯⋯」

喬治繼續講著，校長如何不停地抱怨。我心裡想，有些人不是聽力不好，而是不懂得聆聽，喬治的頂頭上司正是如此。

喬治說：「真希望他肯停下來一次，問問我們有什麼看法。只要一次就好，我只希望他能說出那四個字：『你覺得呢？』」

喬治說的沒錯，「你覺得呢」這四個字鏗鏘有力。這是在徵詢意見，交談對象會希望有你這個聽眾。我們只聽說過有人話太多，卻從未聽說過，有人聽得太多。

美國名作家兼哲學家梭羅（Thoreau）有天晚上在日記中寫道：「今天我得到最大的恭維。有人問我，我有什麼意見，而且確實很認真聽我回答。」

每個人第一次穿上溜冰鞋時，難免都會顯得有點笨手笨腳，傾聽的藝術也可能不易掌握。喬治口中的四字真言，是學習傾聽很理想的起點。**我們可以問：「你對這個有什麼看法？」或是「那件事你覺得如何？」**

類似的問題可以列出一長串，我們稱之為開放式問題（open questions）。這種問題無法只簡單回答是或不是，需要做一番解說。

接著就要聽對方回覆，而且要專心地聽，教友派信徒稱此為虔敬聆聽（devout listening）。

雖然聽起來可能有違直覺，但是提出問題然後認真聆聽，反而能夠使你掌控談話內容。由於你的問題需要解答，因此使你占了上風。善於傾聽的人不但處處受歡迎，而且多聽之後，總能有所收穫。

前幾天發生的一件事，提醒了我這一切。我無意中在舊檔案裡，發現一幅羅斯福總統（Franklin Delano Roosevelt）的漫畫。圖中他拄著枴杖，身軀明顯前傾，專注聽著兩個人對他說話，那兩人顯然是遊民，看起來他是因他們而駐足。

我不記得是在哪裡找到這張圖片，但它是無價之寶。兩個遊民裡，有一人身材短小，其貌不揚，雙手插在口袋，身子直往羅斯福的臉上靠；另一人個子比較高，年紀也較大，身穿破舊的外套，鬍子也沒刮。

羅斯福習慣戴的那頂灰色軟呢帽，也像往常一樣有點破舊。他的身體大幅度前傾，看似在詢問那兩人有什麼看法，並且認真聆聽對方的一字一句。漫畫下的圖說是：「他懂得詢問我們的感受。」

「你覺得呢？」四個強而有力、讓人難以抗拒的字眼。原來，我所說的話需要有人聽，這是人性當中最強勁的動力之一。每個人都希望自己的發言受到重視！

有很多研究明白指出：我們最在意肯傾聽自己的人。每個人最最渴望的有兩件事：一是有人理解我，一是有人肯聽我講話。

「你覺得呢？」沒有比這四個字更厲害的武器。

順帶一提，喬治的故事有圓滿的結局。校長出馬競選州長並且當選，喬治則獲選接任校長。還有一點，別亂猜我講的是誰，這是真實故事，不過名字我全都改過了。

請樹立你擅於傾聽的名聲。以「你覺得呢？」這個問題引導別人發言，也藉此表現你關心對方。

活用好問題的練習

「你覺得呢？」
How do you think?

契斯特費爾德伯爵（Earl of Chesterfield）四世菲利浦．史丹霍普（Philip Stanhope）曾寫道：「很多人寧願你肯聽他的故事，而不是答應他一個請求。」請用超厲害的問題：「你覺得呢？」讓周遭的人感覺自己找到了知音。而你也會打開一道水閘門，自己則成為一塊猛吸資訊的海綿。

再來是聆聽，積極地聽、認真地聽、在寂靜中聽、用眼睛聽、好好地聽！

旁人對這個問題的回答，不見得是你愛聽的，這是我們必須冒的風險。請記得，進步的種子藏在不討好的人身上。鞋子裡的砂粒，總是讓人不得不注意。

使用問題的時機

- 每逢討論難題或規劃未來行動方向時。
- 表達完自己的觀點，或是提出建議之後。
- 當別人遇到問題來找你時。

同樣問題的其他問法

- 「我很看重你的意見。請問你對這件事有什麼看法？」

I value your opinion. Can I get your reaction to this?

- 「你願不願意分享一下你的看法？」
  Would you be willing to share your views?

接著還可以這樣問

- 「影響你對這件事看法的最大因素是什麼？」
  What has influenced your thinking about this the most?

- 「還有沒有其他的看法是我應該知道的？」
  Are there any other perspectives I ought to be aware of ?

情境 3

產品不賣，從四要件打開銷售

迪恩・卡門（Dean Kamen）是極為傑出的發明家，擁有一百多項專利，設計出胰島素幫浦、攜帶式洗腎機、電動輪椅等幾十種發明。他背後有全世界最富有、最精明的創投家支持，很少人能比得上他的成就。

回到 2001 年 12 月。卡門推出他口中「將使全世界交通完全改觀」的新產品。他研發這個產品已有十年，一直保密到家。

這產品便是賽格威（Segaway）：靠電池發動的個人交通工具。它的市場有多大？全世界 60 億人口。當年賽格威引起萬眾矚目，《新聞週刊》（*Newsweek*）在預告其推出時，曾預測它將是二十世紀最重要的發明之一。

卡門說，他那先進的新工廠在一年之內，即可達到每週 1 萬台的產能，每台賽格威的單價將近 5 千美元。據《連線》（*Wired*）雜誌報導，卡門估計：「聯邦快遞及美國運通等公司的高階主管，都會注意到這台高科技超級滑板車，並且不解多年來沒有它的日子是怎麼過的。」

事實上，後來他的工廠並沒有每週交出 1 萬台賽格威，而是只有約 10 台；十年下來總共只賣出 5 萬台，並非原先預估的幾千萬台。

騎賽格威去上班、上學？沒必要，我們有汽車、公車、火車，還有兩條腿。沒有人覺得有一種需求必須靠直立式電動滑板車才能滿足。消費者不覺得，企業不覺得，政府也不覺得。

買家在決定要不要購買時，第一個會問的問題就是：這產品或服務是否可以解決重大的難題，或開啟難得的機會？賽格威無法肯定回答這個問題。

沒有需要，東西就賣不掉。

將近二十五年前，1977 年 4 月 17 日，美國前總統卡特（Jimmy Carter）出現在全美電視上，針對能源危機發表了動人的演說。他說明中東國家提高了油價，美國依賴外國供應能源很危險，因此呼籲美國人要犧牲、節約。他揮舞著拳頭，聲稱這項挑戰「有如一場道德戰爭」。

卡特對於能源危機的主張絕對正確，有先見之明，走在時代之前。可是演講完後，他的支持率卻大跌，民眾聽不進他的說法、他的請求，一點都聽不進去，甚至還有人嘲笑他。為什麼？ 1977 年時，美國人並不認為自己要為能源問題負責，他們認為癥結出在國外原油供應國，以及大能源公司和大企業，不是一般民眾的個人問題。

民眾對卡特總統的能源計畫不力挺，原因在於他無法肯定回答，買家決定要不要購買的第二個問題：自己是否要負起責任？必須讓買家覺得自己責無旁貸，而且能夠採取行動。若是在組織裡，則是必須感覺領導階層賦予他解決難題的能力。

沒有責任或無法負責，東西就賣不掉。

1970 年代卡特總統任內，一場高傳真（high-fidelity）革命正席捲美國家家戶戶的起居室。先是電晶體開發出來，然後是積體電路，由此奠定新一代音響設備的基礎。Bose 等揚聲器廠商開始生產超水準的喇叭，大幅增進了欣賞音樂的感受。

消費者喜愛這種進步，於是很快地，連大學宿舍裡都出現各種音質一流的唱盤、擴大器和喇叭。這種爆發式的品質提升，使過去的老式設備相形見絀。

此時的音響玩家非常非常滿意聽覺上的饗宴。

後來有人想出四聲道的高明主意。沒錯，兩個喇叭還不夠，要四個，提供四種不同的聲道。如果說身歷聲聽起來像是現場表演，四聲道則彷彿是坐在表演舞台當中，四面都圍繞著表演者。是這樣嗎？

四聲道遭到嚴重挫敗，不但價格貴，而且幾乎找不到能夠發揮其優點的唱片。最重要的是，消費者認為身歷聲音響已經足以讓他們滿意了，於是四聲道音響系統很快便落得被丟到垃圾場的下場，與福特汽車的 Edsel 車系及 3D 眼鏡一樣。

四聲道音響無法肯定回答能左右買家的第三個問題：對現有的產品或服務，或是對其改良的速度，是否感到相當不滿意？

沒有不滿意，東西就沒有銷路。

杜拜環球港務集團（Dubai Ports World）在 2005 年購併英國的鐵行輪船公司（P&O），其後衍生的問題則反映出，未能符合買家決定購買的第四個條件，會遭遇多大的麻煩：即要讓人相信你是擔當此事的恰當人選。

鐵行公司擁有營運全美二十二個主要港口的合約，儘管它不是美國公司，卻沒有美國人反對由它來管理如此重要的國家資產。鐵行公司股權原本大多在英國人手裡，而英國又是美國的堅強盟友。可是杜拜環球港務集團是杜拜政府的公營事業，杜拜則屬於阿拉伯聯合大公國，這就另當別論了。

政客很快就拿這件事來做文章：許多美國的港口，即將在一個中東政府的掌管之下，儘管是間接的。此一購併案遭到強烈抨擊，恐怖分子將滲透美國的恐嚇性民粹言論此起彼落。杜拜環球港務集團將取得美國港口的經營權，被渲染為國家安全的無比風險。美國國會揚言要封殺這筆交易，這件事在國會山莊成為眾矢之的。

杜拜環球港務集團屈服於龐大的壓力，最後把鐵行的美國港口經營業務，轉賣給一家美國公司。

它無法肯定回答，買家決定購買與否的第四個問題：買家是否信任你是擔當某件事的最佳人選？

沒有信任，就做不成生意。

無論在什麼情況下，想要說服別人購買，這四個要件缺一不可。不論你是向企業推銷某種服務，或是向自己的上司提出創新的構想，都是一樣的。

當銷售受阻時，你一定要問：

1. 這產品或服務是否可以解決重大的難題，或開啟難得的機會？（買家為什麼要花錢請你來解決他們認為不存在的難題，或是購買無法滿足特定需要的產品？）

2. 買家自己是否要負起責任？（買家能不能採取行動？他們是否應該負責？若答案是否定的，你便找錯了對象。）

3. 買家對現有的產品或服務，或是對其改良的速度，是否覺得相當不滿意？（唯有當現有的產品或服務、或是其效能不盡如人意，消費者才會購買。）

4. 買家是否信任你是擔當某事的最佳人選？（假設我遇到了難題，這個難題的責任在我身上、我有行動能力，我對當前的產品或服務產生一定的不滿，但是假如我不信賴你或你的公司，就做不成生意了。）

凡是想要銷售任何東西，都必須判斷這四個條件是否具足。本書最後一部分，還有一系列可詢問潛在買家的問題，這些問題都有助於你判斷，每一項條件的答案為「是」或「否」。

無論是推銷服務、產品或構想，每一次都必須投入可貴的時間和資源。決心和毅力也是必不可少的。在你為了做成生意，弄得精疲力竭前，必須先回答這個問題：「顧客準備要買了嗎？」

活用好問題的練習

「顧客準備要買了嗎？」
Are they ready to buy?

這情況是否似曾相識：「我們談了又談卻毫無結果，他們就是不肯點頭決定購買。」

當顧客已經準備要購買，那是很愉快的經驗。他會主動找上門來，互動的氣氛也會很好。但是若無四個要件的配合，還是不會購買你的產品、服務，或採納你的構想。

要件 1：是否遇到難題或機會？可以這樣問：

- 「目前你要為此付出多少代價？」
  What is this costing you right now?
- 「假使你不解決這個難題，會有什麼後果？」
  If you don't fix the problem, what will the consequences be?
- 「你覺得這個機會對貴組織有多少價值？」
  What do you think this opportunity is worth to your organization?
- 「這是不是你們的優先要務之一？」
  Is this one of your highest priorities?

要件 2：難題的責任是否在買家？可以這樣問：

- 「誰應該為這個難題負責？」
  Who owns this problem?

- 「你有責任要解決這個難題嗎？」
  Are you responsible for fixing this?

- 「誰可授權處理這件事的支出？」
  Who would authorize an expenditure to address this?

- 「解決這件事需要哪些人參與？」
  Who needs to be involved in a solution to this issue?

要件 3：買方是否對目前的產品或服務，或是對改良的速度，感到相當不滿意？請詢問對方：

- 「這只是讓你有點不舒服，還是你覺得實在受不了了？」
  Is this a minor irritant or something you're truly fed up with?

- 「你認為有什麼不足？」
  What would you say is missing?

- 「你為什麼覺得，現在正是投入額外資源來處理這件事的時機？」
  Why do you feel that now is the time to put extra resources against this?

- 「你們自行設法解決此事有多大成效了？」
  How effective have your own efforts been to address this?

要件 4：買家是否信任你？是否認為你是他的最佳選擇？可以這樣問：

- 「你還在考慮哪些其他的解決方案？」
  What other solutions are you looking at?
- 「你覺得我們公司在這方面的能力如何？」
  How do you feel about our capabilities in this area?
- 「你對我們公司或我們的處理方式，有沒有什麼疑慮？」
  What concerns do you have about us or our approach?

情境 4

勿忘初衷，決策才能精準

多年來幫助別人解決問題的經驗，讓我學到一點，就是以同理心有效傾聽，才能表現你的誠意。而對方在確信你有誠意前，將不會完完全全與你交流。

我正坐在生命保健（Life Health）的執行長瑞克·哈柏（Rick Haber）旁邊，它是一家規模 20 億美元的醫療保健企業，此刻是我們每月例行的管理指導時間。

生命保健是一家大型的非營利醫療中心，而當地唯一的另一家醫院是聖法蘭西斯（St. Frances），位於市內最富裕的區域，但是規模小很多。

哈柏對我說：「我正在竭盡全力，打算接管聖法蘭西斯醫院。他們的心血管部門是我們整個地區裡最大的，頂尖的心臟專科醫師多達數十位。我必須把他們納入我的團隊，我們唯一不足的就是在這個部分。如有必要，即使我得拿下整間醫院也在所不惜。」

我回答：「我知道你為什麼這麼做，你的企圖心很強，由於你的努力和鍥而不捨，生命保健才能成為本市的醫療龍頭。」我問他：「你能不能提醒我，生命保健的使命是什麼？」

「這簡單。我一天到晚都對員工耳提面命，我們的使命是在健康維護和疾病預防等關鍵面向上，提供最有效的方案，並盡可能以最低價格，提供最細心、最負責的治療。」我暫時保持沉默，讓他沉澱一下自己的說法。然後我問哈柏：「接管那家醫院，**對促進你們的使命有何幫助？對你們的核心宗旨又有何幫助？**」

「這個嘛……」哈柏開始解釋，卻一時語塞。

「嗯，我只是看到一個可以切入的機會，你也知道我是很有衝勁的人。」我豎起了耳朵，每當聽到「只是」兩個字，我心中的警鈴就會響起。（我會想到哈利·艾莫森·佛迪克〔Harry Emerson Fosdick，美國知名牧師〕說過的話：只顧自己的人，格局不會大。）

「你說說看，你們的經營宗旨有哪裡提到，吃下聖法蘭西斯醫院的心血管照護部門，符合你們的使命？你會把他們整垮。心血管部門被搶走後，那家醫院必然會解體。」

他問：「你在說什麼？」

我回答他：「我不是在說，我是在問。」

接著我不發一語，保持安靜。那種鴉雀無聲，就像是家鄉球隊在美國職棒世界大賽才打了第一局，就被客隊一舉攻下 8 分。

然後我再開口：「我是問，你們醫院的使命是什麼？你的構想對促進這個使命有什麼幫助？那是否符合你們的主張？」

哈柏不必回答我，從他臉上的表情就看得出來，他心裡明白併吞聖法蘭西斯的心血管部門，與達成生命保健醫院的使命毫無關聯。他很清楚，就算沒有心血管部門，他們在市場上仍舊占有絕對優勢。

我加上一句：「你我都知道，大不一定更好，改進才會更好。」

使命代表一切，它是真正的大方向。當別人要採取重大行動、要做重大決定時，請確認一下是否合乎他的本意。你可以問：「這對促進你的使命和目標，有什麼幫助？」

活用好問題的練習

「這對促進你的使命和目標，有什麼幫助？」
How will this further your mission and goals?

我是什麼樣的人、我想變成誰，其核心部分絕對不出個人的使命和目標。這個道理對組織或個人都適用。然而我們卻經常迷失，被日常瑣事纏身，以至於見樹不見林。之所以會發生這種事，乃由於渴望成功、財富、權力和名聲，容易使我們分心，這非常符合人性。只可惜這些無法滋養我們的心靈。

使用問題的時機

- 當你看到某人的舉動偏離其核心使命。
- 當某人決定朝新方向投入頗多的時間和資源。
- 當你懷疑某人不曾對自身的使命及目標深思熟慮。

同樣問題的其他問法

- 「能不能請你提醒我，你的使命和目標是什麼？」
  Can you remind me of your mission and goals?
- 「這跟你的價值和信念一致嗎？」
  Is this consistent with your values and beliefs?

接著還可以這樣問

- 「有幫助或沒有幫助的理由是什麼？」
  Why or why not?

- 「你是否也在想，另外還有哪些有助於達成使命的構想或新措施，也值得好好考慮？」
  Are there other ideas or initiatives you're considering that would also support your mission—which also merit consideration?

情境 5

克服工作挫折，問內心的使命

我把他們的職掌讀過一遍。老天爺！他們是從哪裡變出這種東西？

我身處曼哈頓一棟數一數二的高樓樓頂，坐在一張大會議桌前。我即將再度與十八位全世界經驗最豐富的銀行家開會。他們是一家全球重量級金融機構的資深客戶經理。

他們可以安排巨額的信用貸款；可以確保牽涉極廣的購併案獲得融資；可以在幾秒鐘內把幾十億美元，從世界各地搬來搬去。這家銀行的營收、獲利和股價，均十分倚重這一群精英的表現。

然而他們卻深感挫折，銀行內部的官僚作風使他們縛手縛腳，股東又施壓要求更高的資本報酬率。他們的一舉一動，都被監測系統加以記錄和監看。績效考評標準也讓他們難以長期經營客戶關係。

我正在協助他們重新界定本身的角色，並建立以客戶為中心，而非以產品為導向的工作方式。這些實力雄厚的經理人將成為先鋒，帶領整家銀行進入以客戶為重心的新時代。

在一系列精心設計的簡報裡，他們把使命放在最前面。標題寫著：「我們的使命」。內文則是許多動聽的辭藻，像是最大化、整合、綜效、獲利能力、多樣化發展等等。可是聽起來並沒有以客戶為中心的感覺，反而使命當中的「客戶第一」，就像感恩節是「火雞第一」的感覺。簡單來說，它讀起來就像：「我們的使命是，只要有機會，盡可能把本行所有的服務，銷售給重要客戶。」絲毫不特別，也沒有鼓舞的作用。

這十八位頂級銀行家由衷的懷抱著熱忱，矢志擔任永遠以客戶利益為優先的可靠顧問，但是上述使命與此不符。

於是我對他們說：「關心怎麼把事情做好的人一定閒不下來，而且不怕沒有工作做，他會成為優秀的經理人。可是追究原因的人可以再跨出一步，他將不只是管理，而會成為領導人。」

我反問我的聽眾。「我們開始吧？」大家點頭。

「先談談各位的使命和角色。我想問個問題：**『你們為什麼要做這個工作？』**」

我靜待答覆。我沒有把問題重覆一遍，也不曾解釋我的意思。他們很清楚我這麼問的用意。

現場一片死寂。然後，慢慢有人開始點頭，還有幾位露出若有所悟的笑容。其中一人說：「這個問題問得好。」

我四下看了看。漸漸的水壩的閘門大開。大家輪流發言。他們一個個熱切的講起，自己的角色有多麼重要。他們多麼樂於協助客戶的生意蒸蒸日上、事業鴻圖大展。

有人說：「我做這一行是因為我對客戶有很大的影響力。」

另一個人說：「我喜歡做能夠產生影響的事。」

「這是我們銀行最好的職位，最難做卻也是最棒的。」

「我覺得我好像在航空母艦的甲板上，掃視著地平線，看看有沒有幫助客戶的機會。」

「我會替客戶辦得妥妥貼貼的。」

「對於與客戶往來的全盤關係，我是要負最後責任的人，成敗都在我一個人身上。」

「我深愛我與客戶建立的深厚私人關係。」

我臉上出現笑容。會議室因為他們熱切討論為什麼要做這個工作而亮了起來。他們展現出旺盛的精力。我現在知道，是什麼讓他們得以克服全球化大銀行的層層限制。我想起**德國哲學家尼采說過：「知道自己為什麼而活的人，幾乎就可以忍受任何一種生活。」**

二十分鐘後，我們已經得出他們的新使命應包含哪幾個基本要素。新使命並非以賣出更多的產品，賺取「更優質的報酬」為根本，而是奠基在幫助客戶達成最重要的目標、運用銀行獨到的長處。新使命具有鼓舞作用，且不流於形式。

此時會議室裡的氣氛變了。那些煩人的內部會議和沒完沒了的報告被擺在一邊，取而代之的是對實際的工作充滿幹勁與熱情。

當你正試著要定義一個組織中的角色，恢復一種使命感和自豪感，或只是想要了解什麼能夠打動人心時，不妨這麼問：「你為什麼要做這個工作？」

活用好問題的練習

「你為什麼要做這個工作？」
Why do you do what you do?

我們會基於許多不同的原因而做某些事。但是如果在這些原因前面加上「應該」兩個字，那必然會使所有的快樂和興奮之情，馬上消失殆盡。「應該」這個詞讓人感覺不到熱情。沒有人會因為「應該」而興致高昂。

相反的，揭露某人工作和行事的真正理由，就不難看見熱情、精力和衝勁。

使用問題的時機

- 想要知道有什麼能夠激勵和驅動對方。
- 想要協助他人對本身的職業重新燃起熱情。

同樣問題的其他問法

- 「你所做的工作或事情，哪些地方最讓你樂此不疲？原因是什麼？」
  What are the most exciting parts of your job/of what you do? Why?
- 「在事業上你最熱中的是什麼？在個人生活方面呢？為什麼會如此？」

What are you most passionate about in your professional life? Your personal life? Why?

接著還可以這樣問

- 「為什麼你對此特別情有獨鍾？」
  Why are you especially passionate about that?
- 「是什麼讓你無法感到滿意？」
  What gets in the way of your satisfaction?
- 「怎麼樣會使它更有意義？」
  What would make it even more rewarding?

情境 6

激發潛力，問還能不能做得更好

時間是 1983 年底。蘋果公司即將宣布推出麥金塔電腦（Macintosh）。它獨創的一些特色：如用手移動的滑鼠、圖形使用者介面等等，將形塑隨後數十年的個人電腦世界。

且讓我好好描述那個場景。

史蒂夫．賈伯斯（Steve Jobs）很希望他介紹的創新產品，能夠引起媒體爭相大幅報導。他的戲劇感，誰也比不上：要有鼓聲、號角聲隆隆，象徵新時代的來臨。

現在請回想 1984 年，第十八屆美式足球超級盃（Super Bowl）決賽。很少人記得有哪些球員上場，更少有人記得兩隊的得分。

然而看過那場比賽的人，都忘不了蘋果的廣告。一名女子穿著田徑服，衝進坐滿表情呆滯男性的禮堂。她拿起一把大鐵鎚，用力擲向龐大的電影銀幕，銀幕上是獨裁者在講話的鏡頭。那則廣告至今已有數十年歷史。當年它屢獲各種獎項。這段影片已成為經典，至今仍會引人津津樂道。

蘋果總公司在推出麥金塔及廣告前的那幾個月，員工們拚命加班趕工，日日熬夜，午餐在工作臺上解決。賈伯斯則在走廊上不斷走動。

賈伯斯督促產品開發人員：「繼續改進，好還要更好。」

賈伯斯總是要求蘋果的每樣產品，一定得不同凡響。在他兩度擔任蘋果執行長的期間，這種力求生產「偉大得離譜」的產品，構成一股強大而毫不妥協的力量。賈伯斯的確不是常人，他不只引起一種產業，而是五種產業的革命：桌上型電腦、音樂、行動電話、零售、甚至卡通動畫業（透過皮克斯公司〔Pixar〕）。

我想提一件事。有一天賈伯斯來到麥金塔總工程師的辦公室。他要對方「開機」。他指著放在工程師桌上，即將成為革命性桌上型電腦的模擬機。

開機花了幾分鐘，因為需要測試記憶體、啟動作業系統，及完成其他的起始作業。

賈伯斯對總工程師說：「你們一定要加快開機的速度。」說完就走了。

幾個星期後，經過不眠不休改良新電腦的效率，這位總工程師驕傲地向賈伯斯展示，他們如何努力的稍稍縮短了開機的時間。

賈伯斯問他：「**你最多只能做到這樣嗎？**」說完又是不客氣的轉身離開。

再經過許多無眠的夜晚，麥金塔團隊終於又削減了幾秒鐘。他們再次與賈伯斯開會時，賈伯斯仍然不滿意。可是這次並未再嚴加責備，只是用迷離的眼神，瞪著那個原型產品。他陷入思緒中。當總工程師開始說明或許還有幾個方法可以再改進開機時間，此時賈伯斯打斷他。

他說：「我一直在想這件事。」他的聲音因激動而提高。「將來會有多少人使用麥金塔？ 100 萬？不是，我打賭不出幾年，就會有 500 萬人，每天至少打開一次他們的麥金塔電腦。假設你們可以去掉 10 秒鐘的開機時間，再乘以 500 萬用戶，就等於每一天省下 5,000 萬秒。一年下來，可以折合成幾十個人的壽命。所以如果你們可以讓開機快十秒鐘，就可以省下至少十來條生命。」

賈伯斯最後說：「所以值得再減少十秒！」

麥金塔的工程師團隊都認為不可能。但他們受到賈伯斯的激勵，不，是受到他亟欲替人類省下幾十億秒浪費的時間所驅使，於是再度投入心力，幾天內就成功的把開機時間又縮短十秒鐘。

賈伯斯於 2011 年 10 月 5 日辭世，享年五十六歲。由於他無與倫比的創新和魄力，使蘋果成為全世界最有價值的科技公司。多虧了賈伯斯，「我們最多只能做到這樣嗎？」這個問題融入了蘋果的企業文化。

在工作上你周遭有多少人確實做到了全力以赴？

距麥金塔上市十一年前，美國國務卿亨利．季辛吉（Henry Kissinger）拿起電話，把他的特別助理溫士頓．羅德（Winston Lord）叫進辦公室。

羅德才華出眾，後來做過美國駐中國大使，也當選過聯邦眾議員。季辛吉的指示簡單明瞭，甚至是例行公事：他吩咐羅德撰寫一篇總統的外交政策報告。羅德很清楚，這位上司要求每個替他工作的人都要竭盡所能，然而就連他也對之後發生的事感到很意外。

也許羅德忘記了，季辛吉唸哈佛大學時，他的學士畢業論文就很不尋常，題目是：「歷史的意義」（The Meaning of History），篇幅竟然多達377頁！

羅德自己記述那段經過：

> 我寫了內容很不錯的外交政策報告草稿，交給季辛吉。第二天他把我叫進辦公室，說：「你最多只能做到這樣嗎？」我說：「亨利，我覺得我已經盡了全力，不過我會重寫。」於是我回去，過了幾天交出第二篇草稿。他又是第二天把我叫進去，問道：「你確定你最多只能做到這種程度？」我說：「是的，我真心認為已經不能再好。不過我願意再試一次。」總之，同樣的情況重覆了八次，我交出八份草稿；每一次他都說：「你最多只能做到這樣嗎？」所以等我交出第九份草稿，當他翌日叫我進去，問我同樣的問題時，我真的氣不過，我說：「亨利，我已經絞盡腦汁，這是第九份草稿。我知道這是我的極限：我再也無法改進一個字。」他這才看著我，說：「這樣的話，我現在可以看看報告內容了。」

季辛吉是要求嚴苛的主管。但是在他手下工作的人，所做出的成果毫無疑問都是他們一生當中水準最高、品質最佳的。

這也難怪，儘管他們是第一流的超強團隊，不過最關鍵的仍是季辛吉的訓斥：「你最多只能做到這樣嗎？」

　　這個問題格外具有威力。使用時應謹慎小心，以免把別人逼得要發狂。不過該用還是要用。你可以幫助別人達成他原以為自己辦不到的事。

當你想要促使他人把能力發揮到極致，當你需要某人在能力範圍內有最好的表現時，就問對方：「你最多只能做到這樣嗎？」

活用好問題的練習

「你最多只能做到這樣嗎？」
Is this the best you can do?

這個問題應該保留在適當時機使用，亦即你特別希望某人能夠發揮真正實力，達到他再也多不出一分能力的極限。

我們經常在需要做到最好時，卻接受了馬馬虎虎。得過且過是成就非凡的宿敵。葛氏定律（Gresham's law）說得好：「劣幣驅逐良幣。」有些公司的客服不及格，卻想不通為什麼會失去市占率。大學生不肯好好讀書，只求勉強過關，卻期待畢業時有待遇優渥的工作在等著他。

漫不經心已氾濫成風。

問這個問題可以激使他人邁向更高的高峰，並專注在本身真正的所長。

使用問題的時機

- 要求屬下為你完成一項工作或專案。
- 想要鼓勵孩子更加努力。
- 最好是當你要完成一個專案時，無論是撰寫報告、回覆提案邀請書、為公司草擬願景說明書、甚至是整理自家的花園，請捫心自問：「我最多只能做到這樣嗎？」

同樣問題的其他問法

- 「還有沒有進一步改善的空間？」
  Is there still room for further improvement?

- 「還有什麼辦法可以把這做得更好？」
  In what ways could this be even better?

接著還可以這樣問

- 「是什麼令你無法再進一步？」
  What's stopping you?

- 「你認為這就稱得上是你的『最佳實力』嗎？」
  Do you think this would be worth your "best"?

- 「這當中哪裡做得最好？哪裡還可以改進？」
  What's the best part of this? What can be improved?

情境7

面對高層，千萬別用老套問題

「我把他趕出我的辦公室。」

「什麼？」

我正與福瑞德在一起，他是一家跨國公司的北美區營運長，過去曾任全球最大銀行的資訊長，多年來有幾百個業務人員拜訪過他。

福瑞德說：「你隨便舉哪家公司好了，高盛（Goldman Sachs）、IBM、埃森哲（Accenture）、麥肯錫（McKinsey）、EDS，還有從這裡到西岸的大大小小廠商，全都想賣東西給我。」

福瑞德精明強悍，無法容忍笨蛋。可是我很難想像，他會把別人轟出辦公室。

「你真的用腳把他踢出去？你在開玩笑吧？」

福瑞德說：「我是認真的，誰叫他問了那個問題。」

「哪個問題？」

「有什麼事令你頭痛得睡不著？」

他一面搖頭一面說：「這是個有夠糟糕的問題，問得太浮濫、老掉牙、毫無新意。最可惡的是懶惰，我討厭不用功的業務員。有一陣子好像每個業務員、銀行員和顧問都在問這個問題，就像沒頭蒼蠅似的，每次來找我談，毫無例外都問我：『有什麼事令你徹夜難眠？』

「他們以為這樣問，我就會像中了魔法，馬上自願全盤托出我最棘手的難題。然後他們就可以說：『啊，我們有辦法可以解決。』但我卻是立刻把他們請出去。」

我問：「所以這一招對你行不通？」（我知道這對大部分人也無效，可是我想知道福瑞德對這件事的看法。）

「一點用也沒有，對別人也一樣。我看，我們再添點咖啡，聽我慢慢解釋原因。我會告訴你，真正高明的人都用哪些有效的高招。」

他的特別助理重新端來兩杯咖啡。我們從他的辦公桌移至休息區，那裡有沙發、茶几和安樂椅。我們放下杯子坐定。

沒想到我的運氣這麼好。我彷彿又回到十四歲時，聽著愛抽雪茄和品白蘭地的莫頓叔叔，大談他及時行樂的人生哲學。然而此刻，我是受教於全世界一流的老師，他要教我如何對想要爭取生意的高階主管，在初次見面時便打出漂亮安打。

牛頓在談到自己了不起的科學突破時，說：「我是站在偉人的肩膀上。」我也覺得好像福瑞德把我扛上了肩膀，我是絕對樂得讓他背著我走。

福瑞德說：「讓我告訴你原因。『有什麼事讓你晚上睡不著？』實在是不入流的問題。一來，這是亂槍打鳥，顯現不出來你有好好做功課，有研究過這家公司，思考過他們面臨的難題。這種問題完全不需要準備。所以正好證明你偷懶。」

我振筆疾書做筆記。

「再說，別人如果不是跟你很熟，恐怕不太會告訴你心中真正的煩惱。要讓人推心置腹，首先得建立一些互信和個人信用。別說笑了！你想想看，我會不會對一個從未見過面的業務員，一開口就推心置腹地說出我的種種煩惱？開什麼玩笑？」

「第三，尤其是在與執行長或階層很高的主管交談時，這種是屬於細節的問題。以我這樣的位階，我關心的是成長與創新，不是日常事務問題。我手下有負責日常作業的主管，公司付他們薪水，就是要他們為那類難題傷腦筋。而像我這種主管，公司付錢是要我操心成長和創新。『有什麼事讓你煩惱得睡不著？』這種問法實際上並沒有直指最核心的部分。」

「那高明的業務員會怎麼問？」

「要跟我見面就如同要上談判桌，你一定得準備，要閱讀我寫的年報、上網搜尋、瀏覽我過去演講的內容、看我接受訪問的影片、參考各家分析師的報告、了解我最看重的是什麼，了解我的策略，然後再走進我的辦公室。」

「不過進來以後也十分重要。當你在我的辦公桌前坐下時，別自以為很清楚我真正的難題。要有信心，但是也要謙虛。可以探詢，也或許給些建議，但是不要一進來就告訴我，我的煩惱是什麼。」

「厲害的業務員會旁敲側擊地問，但是會讓你知道，他懂得自己在做什麼。他們會這麼說：『福瑞德，**你怎麼看待你們的兩大競爭對手合併這件事？**』或是『上個月你在紐約的投資人會議上講的話，我覺得很有意思。你們公司前進亞洲市場，對財務控管和風險管理相關規定，會有什麼影響？』

「前幾天來的一個人，仔細閱讀了我們的股東會說明書，還針對我們公司高階主管的待遇，問了一些很有內涵的問題，她想知道我們做某些抉擇背後的原由。我們談得很深入，她打破砂鍋問到底，但是不會咄咄逼人。她對我心中掛念的事，以及我對人才管理和如何留人的策略，知道了不少。我們與目前的供應商合作愉快，所以原本並不打算給她任何生意。不過她的手法實在高明，我相信她的公司會拿到我們的案子。

「這也就是說，**你問我的問題，要不著痕跡地表現出你很在行、經驗老道。講一講你對我們的競爭對手有何看法，還有你認為我們這個產業的發展如何。想辦法讓我跟你有話可談。**然後等我的話匣子打開，你就可以問得直接一點。」

「你甚至可以說：『根據我們剛才討論過的，你希望貴公司在哪一部分進步更快速？在這些課題當中，有哪幾個是最難有所突破的？』」

最後我倆結束談話，我滿心歡喜。一小時內我就上完了一學期的進階推銷課程。

「福瑞德，你這一席話讓我滿載而歸，也謝謝你的咖啡。」

「我也聊得很愉快。對了，你真是太棒的聽眾。歡迎隨時打電話來。」

這次見面讓我想到，位高權重的人會樂於幫助人脈網絡中的成員，不吝於伸出援手。有時候請客戶或同事提供意見，可以創造對彼此關係有好感的機會，也給我們學習的機會。

且舉幾個可以刺激你思考的例子：

- 「貴公司未來的成長將來自何處？」
- 「基於（如：新競爭對手獲得成功、廉價進口品抬頭、市場自由化等等）……，你認為貴公司目前的策略會有什麼變化？」
- 「假設有多出來的資源，貴公司會投入哪些新計畫？」
- 「有時『突破』需要『擺脫』。貴公司有沒有什麼必須不再強調或停止進行的事？」
- 「貴公司迄今成功的因素是什麼？這在將來會有什麼變化？」
- 「貴公司需要加強哪些組織上或作業上的能力，以便達到目標？」
- 「在思考公司的前景時，你最看好的是什麼？最擔心的又是什麼？」

當你想要了解組織領導人關心的議題時，請勿問一些老掉牙的問題，像是：「有什麼事讓你擔心得睡不著覺？」相反地，問一些你有所準備關於未來的問題，問一些有想像力的問題，問一些關於其他人的抱負、行事的優先順序，以及對當前時事的反應等。

其他已經用得浮濫的問題

「有什麼是你沒料到的？」
What has surprised you?

剛就任新職不久或是剛經歷過重大事件的人，經常會被問到這個問題。可是要同時得到誠實且正面的回答，勢必不可能。假設你回答有未料想到的事，那意謂著你不夠老到，在事前不了解狀況！如果你答一切都在意料之中，又可能被視為自大或是感覺遲鈍。路易斯克拉克學院（Lewis and Clark College）院長巴利．格拉斯納（Barry Glassner），在《華爾街日報》上是這麼說的：

「假如每次有人問我：「有什麼你沒想到的事？」我就可以得到 1,000 美元，那自我出任院長這七個月來，已經足夠買一輛裝備齊全的凌志轎車（Lexus）。那是終結版『令人啞口無言』的問題……不管怎麼答都有風險。」

比較討喜的問法是：

- 「你剛做這個工作的前半年，最主要的重心放在哪裡？」
  What have you been focusing on most during your first six months on the job?
- 「你對本身的角色，是否已經做出比較長期的規劃？」
  Have you developed a longer-term agenda yet for your role?

「有什麼我該問而沒問的問題？」
What question haven't I asked?

一位著名的行銷專家說，這是他每次拜訪新客戶，在結束時一定要問的殺手級問題。問這種該怎麼問的問題，用意再明顯不過，目的就是要讓潛在的顧客，變成教你如何向他推銷的老師，而非需要說服的對象。如果換成：「我們是在同一條船上……請給我一些建議，告訴我怎麼做個更有說服力的業務員！」這種問法不夠誠懇，嫌做作，也像「有什麼事讓你煩惱得睡不著？」已經用爛掉了。

到處都有你我耳熟能詳但無效的問題，全可歸類為應切記避開的類型。

比較討喜的問法是：

- 「有沒有什麼我們沒討論到，但是你認為跟這個挑戰有關的議題？」
  Are there any issues we haven't discussed that you think are relevant to this particular challenge?

- 「還有沒有其他人你認為我應該和他談談，以便對這個議題有多一點看法？」
  Is there anyone else you think I should talk to in order to get additional perspective on this issue?

情境 8

問學到的經驗，從反省吸取養分

有一個客戶的股價不見起色，就如同帆船到了無風帶，只是在水上漂蕩，原地打轉。（無風帶接近赤道，有時連續幾週都沒有風，水手們只能坐困愁城。）

股價不漲，公司經營高層手上的股票選擇權便一文不值，延攬新高階主管也變得困難。最糟的情況是，易於遭到股市禿鷹的惡意突襲，公司可能被劫掠一空，資產像中世紀時的戰利品般被搶走。

那家公司聘請我們找出問題的癥結，並建議補救的策略。他們決心要查個水落石出。

我們派出最優秀的分析師團隊負責本案。甚至邀請倫敦商學院（London Business School）一位傑出的財經教授與我們合作。

診斷結果很清楚：投資這家公司股票的股東，期待的報酬高過公司的實際表現，至少照目前的經營方式是如此。這意謂投資成本比投資回收高。該公司有一項零售業務，但因店租昂貴及商品不夠齊全，成了一大負擔，顧客的平均購買額很小。

這個客戶需要下猛藥，而良藥不免苦口。

我們完成一份最時新的報告，厚達 172 頁。其中運用到最新的資本市場理論及分析模型，而裡面所附的各種圖表，詳盡程度不亞於諾曼地登陸的作戰計畫。

這份初步報告的深度、廣度和切題性，令我們深感自豪。內容無可挑剔，清楚明確。

然而向客戶簡報初步建議的首次會議，過程卻慘不忍睹。我們早該記取德國將領赫穆特・毛奇（Helmut Von Moltke）的警告：「沒有任何作戰計畫，經得起與敵人交戰的考驗。」

記得我們是在客戶總公司的大會議室裡，圍坐在會議桌前。我開始做報告。才說了沒幾句，代表零售業務的高階主管們便火力全開，把我們的分析批評得一無是處。他們護衛本身的地盤，有如橫行街頭的灰毛流浪狗。由於對我們的結論心裡有數，他們甚至還自己找了經濟學家，來駁斥我們的分析模型中的假設。我們毫無招架之力。

會議結束時，執行長崔佛客氣的說：「看來我們還得多花點工夫來化解歧見。」

我們走出會議室，回去的路上那份報告比來時更重了。

回到辦公室，我們開始療傷止痛。我的上司詹姆士・凱利（James Kelly），靜靜的看著我們進行戰敗後的檢討。詹姆士是我們公司的創辦人。他才智過人，是我見過思慮最周密的解決問題專家。有如一條默默流動的深沉經驗之河。前二十分鐘我們多半在批評客戶，居然如此排拒我們充分佐證的結論。（事實擺在眼前，他們難道看不出來？）

一直沒開口的詹姆士後來抬頭看著我，問道：「**你們學到了什麼？**」

大家面面相覷，繼而左顧右盼，全都避開詹姆士的視線。

我自告奮勇說：「哦，我們應該多花點時間與零售部主管打交道。」

詹姆士說：「沒錯。還有呢？在影響別人方面，你們有什麼心得？」

我答：「光靠數字不足以成事。他們對本身的業務抱著牢不可破的信念。他們懷有很深的感情。我們必須理性感性兼顧，才能贏得他們的支持。」

詹姆士點點頭。「也別忘了政治層面。理性、感性、政治。這三者不可偏廢。那麼，你們對經營客戶關係又學到什麼？」

「我們太過把重心放在執行長崔佛身上。沒想到他那麼聽從手下主管的意見。我們服務的對象不只一個。我們低估了有必要與其他領導人建立關係。」

詹姆士再次點點頭。「很好。噢，最後一件事。在準備口頭報告上有什麼心得？」

我羞慚的笑著。詹姆士有個座右銘，他經常以此對我們耳提面命：**每次必定事先與客戶預習結論。除非會前已對在場的每位高階主管，都簡述過報告內容，否則絕不踏進會議室。一定要預先掌握聽眾的立場。**

（順帶一提：這則忠告幾乎適用於任何與重要人物的會

議。無論是與客戶或與自己公司的領導階層討論重要提案，情況都是一樣的。)

我承認：「我懂了，事前一定要和每位出席者討論報告內容。鼓勵他們對報告內容提供意見。」

• • •

三個月後，崔佛退休。董事會任命了年輕的新執行長，接掌問題重重的公司。理查・歐利（Richard Early）十分能幹，使命必達，已經讓另兩家大公司起死回生。

他上任後不久，我便與他很短暫的見過面。我把我們的分析報告給了他一份，一共 172 頁！

一週後他的特別助理打電話給我：「歐利先生問，你們可不可以提供報告內容的摘要。」我問她篇幅大概要多長。「他想要的是，介於最前面一頁的結論和 172 頁正文之間的摘要。」我望著擺在桌上的 172 頁，扮個鬼臉，然後捲起袖子。我已經獲得明確的任務指示。

我拚命努力了好幾天做那份摘要，像瘋了一般不眠不休。我不僅要摘出報告的重點，還要說出一番道理，寫出明確、大膽、令人信服的宣示。

最後我總算把 172 頁縮短為 5 頁，然後送給新執行長。那 5 頁是最精要的內容，講的是一個故事。一個有說服力活生生的故事。

可是幾星期過去了，沒有回音，我放棄繼續與這個客戶合作的希望。

一個月後，歐利親自打電話來。執行長直接打給我，這很不尋常，平常都是五個特別助理其中的一位先來聯絡。

他說：「謝謝你的摘要。現在我總算了解你們的意思了。之前你給我的那本厚厚的報告，我看得不是很懂，現在我明白了，報告給了我們所需要的答案。我認為你的摘要講得很有道理，我已經交給董事們傳閱，可不可以請你下星期來一趟？我星期五有空，想跟你討論接下來可能採行的步驟。」

我興奮不已，跑到詹姆士的辦公室，告訴他這個好消息。執行長居然打給我！詹姆士贊許地點點頭。

他再次問我：「這麼說，你從這段過程學到什麼？」一句道賀的話都沒有，他只說：你學到什麼？

「跟執行長溝通不能用上 100 張投影片。他們只能簡短、精要的消化資訊。」

詹姆士說：「對。還有呢？」我努力的想。

我答：「最高層主管對研究方法不感興趣。」

「沒錯。他們想知道，你值不值得信任？有沒有能力完成任務？是不是做這件事的頂尖高手？會不會永遠把他們的利益擺在第一？對了，」他繼續說：「你覺得在信任方面學到了什麼？」

我說：「徒有分析和專長無法增加信賴。我們當初應該花更多時間與客戶面對面接觸。理查．歐利一上任後也該這麼做。」

「還有沒有？」

我不斷想著我引以為傲的那 172 頁報告。還有贏得新執行長肯定的 5 頁濃縮版。

「有時候是愈少愈好嗎？」我想起著名爵士樂手路易・阿姆斯壯（Louie Armstrong）說過：構成音樂的不是音符，而是音符與音符之間的空白。

詹姆士以微笑回答我，笑容漸漸擴散到整個臉孔。我不確定是哪件事更令我興奮：是新任執行長打給我的電話，還是詹姆士的笑容。

這是我必須實際經歷才學得會的教訓，也是我永遠忘不了的教訓。我不免覺得，困頓的經驗往往是最好的教育，只是有時學費太高。

挫折是偉大的老師，成功也是。大師彼得・杜拉克（Peter Drucker）曾說：「完成有效的行動後應當沉靜反思。從沉靜反思中會產生更為有效的行動。」

人經常在一項接一項的活動中顛躓忙碌，從未停下來反省思考。為了幫助他人自經驗中吸取最多養分，請這麼問：「你學到什麼？」

活用好問題的練習

「你學到什麼？」
What did you learn?

這麼說可能會讓你感到意外：人經常未能從經驗中學到教訓。社會科學家的研究一再證明這一點。我們把成功歸功於本身的能力和表現，卻把失敗歸咎於別人，或自己無法掌控的外在環境。名導演伍迪艾倫（Woody Allen）曾說，如果沒有可以怪罪的人，那代表你沒有費盡心思去找。

美國軍方是少數會設法自經驗中，有系統的汲取教訓的機構。所有軍事行動包括演習，一律得進行「行動檢討」（after-action review）。指揮官們都毫不留情的誠實以對。

記得，不只要問：「你學到什麼？」還要問：「針對……你學到什麼？」或是激勵員工，或是贏得信任、或是組織內政治。

使用問題的時機

- 每當有人提及個人經驗或某一事件時。
- 在開完會、面談後或結束拜訪時。
- 在教導或輔導別人時。

同樣問題的其他問法

- 「你從那次經驗獲取到最難忘的事是什麼？」

What's the most memorable thing you took away from that experience?

- 「你在……方面（人、信任、人性、動機、規劃等等）學到什麼？」
  What did you learn about...? (people, trust, human nature, motivation, planning, etc.)

接著還可以這樣問

- 「你認為你的心得一律適用，還是這個情況是特例？」
  Do you think that's always true, or is this situation particular?
- 「能不能請你再多做說明？」
  Can you say more about that?

情境 9

以客為尊，不要自說自話

全球其中一家最大金融機構的八位高階主管，正聚集在董事會的會議室裡。一瓶瓶閃閃發亮的礦泉水，整齊的排列在斑馬木會議桌的四周。唯一的聲響是隱藏在天花板裡的白色投影幕，緩緩下降時輕輕的嘰嘎聲。一位與會的主管跟旁邊的工作人員說：「可以請他們進來了。」

管理顧問們走進來，與在場的每一位握手。他們代表全球聲望頂尖的績優管理顧問公司。該公司在幕後運籌帷幄，影響力之大，讓一家主要商業期刊稱其合夥人為「現代企業界的耶穌會（Jesuits，天主教主要修會之一，成員遍布世界各地）」。有一本討論顧問業的書，更稱他們是「策略巨頭」。

今天他們是來向這家銀行的執行長和其團隊，爭取一個重要的專案。共有三家公司進入最後決選。那是很大的一筆合約，是整個管理顧問業最夯的案子之一。勝負的利害關係莫甚於此。

簡報持續進行了一小時，光亮的會議桌上偶爾會傳來一兩個有禮貌的提問。這家顧問公司的主持合夥人韋斯特維（Westervelt），深入的分析了企業金融，那正是這家銀行的主要營業項目之一。他選用這個主題來說明，他們公司將如何為這家銀行研擬新的策略。他的表現十分出色。

（他必定很熟悉我父親的格言：「純屬準備不足，將無從彌補。」韋斯特維絕對是做了充分而萬全的準備。）

他對規模龐大的企業金融市場瞭如指掌，也很清楚這家銀行的主要競爭對手有哪些。他的口才便給，風采令人傾倒。簡潔有力的發言中，聽不到「嗯啊」、「這個嘛」一類的贅詞。

韋斯特維的簡報精彩充實。他不愧是世界級的一流專家。或許全世界再也找不到知識和經驗能與他媲美的管理顧問了。

報告至此，分配給他們的時間只剩下幾分鐘。

韋斯特維停下來。「各位還有疑問嗎？」在場的每個人都搖搖頭。

執行長說：「謝謝你的報告，說明的非常詳盡。」

從四十七樓搭電梯下樓時，一位年輕合夥人對韋斯特維說：「你好厲害。」

韋斯特維笑笑。他和同行的合夥人都覺得打了漂亮的一仗。誰說不是呢？他們對金融業可是了解得很透澈。

回到會議室，高階主管們針對剛才的簡報，短暫交換意見。那群顧問是執行長的最愛。我知道這件事，是因為執行長親口告訴我的。他希望那家公司拿到案子，可是他不會強迫他的團隊接受。他一一詢問大家的看法，都是正面評語。到此為止都不錯。

最保留的意見來自人資部主管珍妮佛。她在這家銀行服務已近三十年。最後發言的彼得，主管全球企業金融業務，那是剛才簡報時著墨最多的。

彼得聽完後很失望。他因為忿忿不平而臉上泛紅。

他衝口而出：「我不可能讓這些人當我的顧問。」他壓制不住怒氣。「尤其是那個主持合夥人韋斯特維。他不聽。他沒有同理心！」

執行長很在意，請他說清楚。

「他們幾乎完全沒問到，我們有什麼策略和計畫，我們做過什麼抉擇，我們有哪些長處，可以用來促進業績的成長。他們無視於我們在企業金融領域的領導地位。他們心裡只有自己。尤其是韋斯特維。」

後來執行長也得知人資部主管珍妮佛的意見，她曾從頭到尾聽完那次簡報。她私下對執行長反映：「他的視線始終不曾與我交會。一次都沒有。好像會議室裡沒有我。他們只把你當做報告的對象。這不免令人懷疑，將來若每天一起合作，會是什麼狀況？在我感覺，他們的作風與我們的企業文化不合。」

幾天後，執行長打電話給那家顧問公司，告訴他們沒有拿到案子。並非他們沒有贏，只是沒被選中。

執行長的說詞是，三家公司的能力「旗鼓相當」。韋斯特維和同事非常驚訝。極為失望。不，應該說是有如鬥敗的公雞。怎麼可能是這種結果？

一年後，贏得案子的公司仍然繼續與那家銀行合作。如今已進入第三年。

我與那位執行長一起喝咖啡。我問他：「我很好奇。檢討起來，韋斯特維的公司在提案過程中，是不是可以有不同的做法，有沒有可以改變結果的作為？」

執行長看著我。他揚起一邊的眉毛，把頭偏向一側。「還有什麼作為？關鍵只在韋斯特維始終沒有問一個問題。一個他應該向彼得提出，關於企業金融的簡單問題：『可不可以告訴我，你們的計畫？』他問過我，可是從未問過彼得本人。」

「他忽略了最簡單、最能拉近距離、又能獲得資訊的問題：可不可以告訴我，你們的計畫？」

幾年前我經歷過可能類似彼得那天在會議室裡的感覺。我要到倫敦出差，打算忙完公事後再多待幾天。出發前我遇到熟人。「倫敦」兩個字才一出口，此人馬上正襟危坐，清了清喉嚨：「你務必，務必一定要住蘭斯波洛酒店（Lanesborough Hotel）。任何旅館跟蘭斯波洛相比，只能算二流。那是你唯一真正的選擇。」然後是凝重的沉默。

我這位朋友假使先問過我的計畫，就會知道我次日便要出發。也會知道我已經預定了一家不錯的旅館，而不是逕自告訴我該怎麼做。他因此成為我眼中感覺遲鈍、不受歡迎的人物。

不要一開口就講自己有什麼計畫，也不要一開口就說你為對方設想了什麼計畫。應該先問：「可不可以告訴我，你的計畫？」

活用好問題的練習

「可不可以告訴我，你的計畫？」
Can you tell me about your plans?

請遵守以下三個原則，就可成為善於傾聽的人：

謙虛。印度精神領袖甘地（Mahatma Gandhi）說：「為發現真理，人必須變得像塵土般謙卑。」我們應該相信，每個人身上都有值得學習的東西。

好奇心。隨著年齡增長，人的好奇心會消失。一般五歲兒童每天要問兩百個問題。請問你每天問幾個？對每種情況都要抱持高度的好奇心，也要多洗耳恭聽。

自知之明。個人的好惡及偏見會有礙傾聽。譬如購買新車時往往是由女性做最後決定，但在汽車經銷處，業務員通常比較注意先生。所以要有自知之明！

使用問題的時機

- 在告訴別人你認為他應該怎麼做之前。
- 在需要了解他人有何打算及優先目標時。

同樣問題的其他問法

- 「你打算怎麼處理這件事？」
  How do you plan to approach this?

- 「你的策略是什麼？」
  What is your strategy?

- 「你對於將來努力的方向有什麼想法？」
  What are your ideas for where you want to go in the future?

接著還可以這樣問

- 「你透過什麼程序達成那個目標？」
  What process did you use to arrive at that?

- 「有哪些事你已經決定不要做？」
  What things have you decided not to do?

情境 10

面對顧客怨言，問哪裡可以改進

電話鈴聲來得急促。電話線上是客戶和他公司的另一位高階主管比爾。我從未見過比爾，他非常生氣，我腦海中浮現「狂怒」兩個字。他不滿意某個重要計畫的進度，認為我的介入只會愈幫愈忙。

他吼道：「這是什麼跟什麼，我尊重你的專業，可是你提議的做法是多此一舉，我不懂那有什麼用。」

（我心想：謝天謝地這是在電話上，不是面對面的開會。）

比爾又是咆哮、又是訴苦、又是批評，連續不停達二十五分鐘。他抱怨那個正在試行的計畫不見成果。他像說教一般，抨擊其他合夥人不求長進，眼光短淺。

真正的癥結顯而易見，亦即這家公司的收益不如預期，可是他卻未觸及。他不談未來應該怎麼做，也不提合夥人究竟需要如何改弦更張。

我答應參加這次電話討論，純粹只為幫客戶一個忙。當過演員和眾議員的魯斯夫人（Clare Boothe Luce，《時代》雜誌創辦人亨利．魯斯之妻）曾說：「做好人難免好心沒好報。」我眼前的遭遇，完全被這句反諷的警語說中。

最後只剩下五分鐘時，我客氣地打斷對方：「比爾，可不可以請教你一個問題？」「好啊，沒問題。」他不屑的說。

「當你看著那些年輕的合夥人，當你思考怎樣才能與客戶建立絕佳的關係時，你希望他們在哪些地方有所改進？」

一陣靜默。他吐出幾個字：「這個嘛……問得好。」又停頓一下，他喊道：「唉呀，見鬼了，你把我的思路都搞亂了！」他發脾氣的樂趣被打斷，使得他聲音裡帶著怒氣。又停了一下後，他說：「嗯……好吧，我來講一講這個。」

他開始說他希望看到的正面改革：「他們需要一個路線圖，有點像你用電子郵件寄給我的那種。是的，從這一頁的第一行開始看起：這個不錯，我想他們必須改進三件重要的事。」

他停止謾罵，怒氣漸消。突然間，彷彿天神有令，暴風雨止息，水面無波如鏡。此時我們才真正討論起根本的課題。

幾個月後，我與那家公司展開一個新的重大計畫，是比爾批准的。那並非因為我推銷成功，而是因為我在恰當的時刻，問了恰當的問題。

適切的提問有如萬靈丹，可以緩和惡劣情緒，化解憤怒，把對方拉回正題。當我問比爾：**「你希望他們在哪些地方有所改進？」我藉此得以把離題的對話帶回正軌。**

人經常抱怨別人，堅持別人必須改變。你得把批評轉向解決問題，所以請這樣問：「你希望他改進哪些地方？」

活用好問題的練習

「你希望他們在哪些地方有所改進？」
What do you wish they would do more of?

他們非改不可！

這是我們經常聽到的批評。而批評是有傳染力的。不過要是你可以讓對方明確指出，他希望看到什麼作為，就能強力扭轉談話的方向。你們不會陷於怨言和指責，而能夠對下一步該怎麼走，進行建設性的對話。你可以藉此幫助對方認清問題之所在。

不必解決怨言，只須解決問題。

使用問題的時機

- 每當工作上有人抱怨時。
- 當有人被指名道姓批評時。

同樣問題的其他問法

- 「如果你只能要求你的下屬做一件不一樣的事，或一項能夠對績效產生重大影響的行動，那會是什麼？」
  If you could get your people to do just one thing differently or one action that would have a big impact on performance, what would it be?
- 「你希望他們怎麼改變？」

In what ways do you wish they would change?

接著還可以這樣問

- 「你認為他們為什麼現在沒有做那些事？」
  Why do you think they aren't doing those things?
- 「他們處事不當，是因為缺乏知識技能，因為組織掣肘，還是因為天生能力不足？」
  Are they not doing the right things because they lack knowledge and skills, because the organization gets in their way, or because they don't have the natural ability?

情境 11

追問為什麼，發現真正重點

「我們正在為業務部的主管安排訓練課程。如果請你們來做兩天的訓練，收費是怎麼算？」電話上是科特．道森（Kurt Dawson），一家工業設備製造商的全球業務銷售領導人。

（我心想：哇。但是保持鎮定。我知道我得好好應對，免得導致這家公司或我做白工。）

我對道森說：「我們當面談吧。我可以下星期去拜訪貴公司。」

我加上一句：「有時候直接從訓練著手並非上策。依照我的經驗，在某些情況下，反而最不該做的就是訓練。」我感覺得出來，我的答覆令他不快。他要求的是業務銷售訓練。然而那是他需要的嗎？

五天後，我坐在科特．道森的辦公室裡，啜飲著有二十年歷史的咖啡機泡出來焦掉的咖啡。他對他的公司、產品和業務團隊大吹大擂。

「我們是市場領導者。我們的品質是業界第一。我們的業務人員也是非常搶手，競爭廠商時時刻刻都在企圖挖角。」

這好像太誇大其辭。

我開始問第一個為什麼。我調整坐姿，身體前傾，問道：

「你為什麼想要做業務訓練？」

「這個嘛，因為我們需要不斷增進業務人員的技巧。」

接著是第二個為什麼。我問他：「你為什麼需要增進手下業務員的技巧。看來他們都是業界求之不得的人才！」

「我認為，如果他們的技巧更精進，就更能夠爭取到新客戶。」

我繼續問第三個為什麼。「貴公司為什麼需要加強招攬新客戶？」

他看著我，那副表情好似我在問他，人為什麼需要呼吸空氣才能活。

「靠現有的客戶群，不足以達成執行長為我們訂下的成長目標。我們必須帶進更多新客戶。」（就快切入正題了。）

我追問第四個為什麼。「為什麼你們現有的客戶增加得不夠快？」

出現尷尬的靜默。他支支吾吾拖了好久。我等著，什麼話都沒有說。（絕對，絕對不要打破建設性的沉默！）

「嗯，問題出在顧客流失率。我們每年要失去20%的既有客戶。」

我幾乎聽見，每當恐怖片演到最可怕的場景時，一定會出現的那種次低音喇叭低沉而刺耳的隆隆聲，對我們預示即將發生很可怕的事。如《致命的吸引力》（*Fatal Attraction*）裡，葛倫・克蘿絲（Glenn Close）即將從浴缸中跳出來，刺向麥克・道格拉斯（Michael Douglas）。

「百分之二十。」我不經意的重複那個數字，不帶評斷的語氣。

終於來到第五個為什麼。「那我就不得不問，你們為什麼每年會流失 20%的客戶？」

「有幾家對手公司為了搶生意而削價競爭，有些客戶就被搶走了。好在那也只是一時的。那麼低的價錢他們撐不了多久。」

「你怎麼知道他們撐不久？」我決定更進一步追問他。

「我問過我們的業務人員。也從幾個客戶那裡聽到這種看法。」

（我總算挖掘得夠深了。）

我對這位客戶說，不如先多加了解顧客流失率、市場競爭狀況、及客戶如何看待該公司產品和價格，否則光是推動訓練計畫意義不大。

我說服他暫時把這個構想擺在一邊。結果我受聘對這家公司的營運進行廣泛研究。

我訪談每個業務員，也拜訪一些已流失的客戶。真正的問題很快便浮現。削價競爭對道森的公司傷害不大，反倒是他們的產品有嚴重的品質和交貨缺失。

我證實自己原先的想法。我告訴這位客戶，如果不先解決品質和交貨的問題，即便有全世界最好的訓練也只是浪費時間。

由於我對客戶提出這五個為什麼，因此我們一起規劃的專案，範圍擴大許多，影響所及也遠超過業務訓練。我協助科特主導大規模的公司營運改造，從生產到銷售。至今他仍然是我的客戶。

當別人表示：「我要這個、那個。」你必須找出他真正的需要。箇中要訣便是問：「為什麼？」你可以連問多達五次，一開頭先從這裡問起：「你為什麼要那樣做？」或是「為什麼會發生這種事？」

活用好問題的練習

「你為什麼想要那樣做？」
Why do you want to do that?

假如使用的時機不當，或是針對錯誤的主題，問「為什麼？」可能弄巧成拙。它可能傳達了含蓄的不贊同。聽來像是來找碴、吹毛求疵或嘮叨挑剔的感覺。也許會使被問的人自我感覺差。

「為什麼？」也可以是威力十足的問題。它可以令人深省自身的作為，助人切入問題的核心。「為什麼」可以使我們停下來，好好反思並檢視自己的所作所為，不會渾渾噩噩的過日子。

所以在問「為什麼？」時，請善加判斷，但是要常問這個問題。

使用問題的時機

- 當你確實想了解別人的動機。
- 當別人想要某個東西，你卻不確定他是否真正需要。
- 當你正努力了解某個問題的根源。

同樣問題的其他問法

- 「你這麼做希望得到什麼成果？」
  What result are you expecting from that?
- 「你是怎麼決定要採取那種做法的？」
  How did you decide to take that approach?

- 「你為什麼認為應該從那裡著手？」
  Why do you think you should start there?

接著還可以這樣問

- 「你為什麼會有那種想法？」
  Why is that?
- 「你認為為什麼會發生那種情況？」
  Why do you think that's happening?
- 「你怎麼知道會如此？」
  How do you know that?

情境 12

確認結論，避免議而不決

此次會議拖得可夠久。（看是與什麼相比？）我不停的看錶。它有完沒完？時間一分一秒流逝。

這個故事你很可能覺得似曾相識，甚至你會以為，我是在說你最近參加過的某次會議。

我開的是一個討論重大新計畫的預備會議。

先是有三個人遲到十五分鐘。我們只好邊喝咖啡，邊呆坐著等他們。會議的主題也不明確：「討論推動『顧客第一』的新計畫」。沒有人知道開會的目的究竟是什麼。

討論過程由於某幾個人言不由衷但堅持己見的發言，以致變得各說各話。你也知道那種人，半瓶水還響叮噹。

我努力想要讓會議有點重心，卻做得愈來愈辛苦。我問：「我們想要討論出什麼結論？」我也問與會者：「這對你們現有的顧客會有什麼影響？」等等的問題。

簡報的投影片在螢幕上起起落落，彷彿鷹架搭起、拆掉、又搭起。我心想：為什麼報告的人放出投影片後，還要再把內容唸一遍？為什麼在企業裡產生的任何想法，都得用簡報軟體的投影片來呈現？

會議一直開到中午（謝天謝地，預定的時間只安排了三小時。）有人提議：「我們列一張接下來該怎麼做的清單吧。」大家都點頭。很好的提議。每次會議結束時，都有一份待辦事項清單，這難道不是很好的管理法嗎？

會後要做的事似乎都再實際不過。凱西會打電話給比爾，查證一些事情。羅傑會設法爭取某某某支持這個計畫。佛瑞答應完成詳細的會議紀錄。最後，我打斷他們。

「我可以問一個問題嗎？」大家再次點頭。

「請問我們今天做了什麼決議？」

這個嘛，他們熱切的看著我。其中一人問：「你的意思是？」

「我是想說，我們到底決定了什麼？今天開的是預備會議，是要為一個新計畫定好架構和方向。所以我們的決議是什麼？我們要不要先把決議整理出來，再來列待辦清單？」

我們整理出五個大家認為會議中做出決定的議題。然後一一詢問每個人，看看是否意見一致。

結果五個裡面有三個並沒有共識，完全沒有。而這三個議題當中，居然有一個是關於計畫的主要目標是什麼！這得歸咎公司領導階層宣布這項計畫時，一再強調多重目標。「改善客戶流失率、交叉銷售更多產品、比競爭對手搶先一步」等等。

為這些目標定出輕重緩急很重要。這是我必須讓與會者了解的。

我們忙著列出廚房用品的購物清單，卻忽略了必須先鋪好廚房的地板和牆壁。不，比這個更糟。我們正在蓋廚房，可是不確定這是供偶爾做菜使用，還是為每天要供一百人用餐的餐廳而建。

我對大家說，會議還不能結束。我們沒有把重點放在真正的議題上。於是又開了一個半小時的會，並且總算做了言之有物的溝通。

現在可以散會了。我們完成一份經過討論通過的決議清單。我們釐清了最優先的目標是什麼，行動步驟也一目了然，不過相較於做出決議和確立計畫目的，這些都是次要的。

任何團體在開會後都可以列出後續的行動清單，但是議而能決比較少見，也有價值多了。

請快快在貴組織推行決斷力文化。每次開會前先問：「我們今天需要做什麼決定？」會後則問：「我們今天做了什麼決定？」

活用好問題的練習

「我們今天做了什麼決定？」
What have we decided today?

在許多組織裡，因循拖延是普遍的風氣。(「我也想改掉拖延的毛病，但就是辦不到！」)

人們都害怕做決定。他們擔心會妨礙到勢力龐大的既得利益。保守小心，比做出將來可能得負責的決定，要來得容易。因為列舉一堆四平八穩的行動步驟，雖然不會讓你有什麼重要進展，但是輕而易舉，而且又低風險。

當你們共同決策時，就等於獲得公開的確認，因此對所有參與者都具有約束力。要切實遵行通過的行動步驟。

使用問題的時機

- 開完會後。
- 與家人或朋友討論過重要的議題後。

「好，我們有沒有任何決議？」
So, have we decided anything?

或是：「你決定怎麼做？」
What have you decided to do?

同樣問題的其他問法

- 當別人有困難或有事情來找你商量時。

「是不是需要我來做決定，還是我可以幫忙你去做決定？」
Is there a decision that I need to make or that I can help you make?

- 在會議開始時。

「這次會議的目的是什麼？」
What is the purpose of this meeting?

或是：「今天我們打算做出哪些決議？」
What decisions do we want to make today?

接著還可以這樣問

- 「要怎麼樣才能對這個議題做出決定？」
What is needed in order for a decision to made on this?

- 「我們是否都同意那個決議？」
Do we all agree about that?

情境 13

確認問題，破解言不及義

我進退兩難。

事情是這樣的。我為此寢食難安。我很想爭取一個案子。可是內心深處我很清楚，它會給我惹來很多麻煩。正如俗話所說：「吃力不討好。」

我正在和一個潛在客戶討論一個專案，他想要過問我工作上的一舉一動。我提到的每種研究方法，他都要知道細節；我的講稿事先一定要全部給他過目；我替他的員工上課，他堅持要檢查我帶去的投影片的樣式。我實在沒把握，將來預期雙方共同參與的比重會是多少。

我很掙扎，不知道該怎麼回應他這種永無止境的要求和指示才對。

我想爭取這份合約，但是直覺告訴我該遠離他。我愈想愈不知道該如何是好。

義大利人有個說法：「早上一起床，就知道今天會不會順利。」換句話說，事情是怎麼起頭的，往往就會那麼結束。可嘆我面對的並非好的開始。

我決定去請教我的良師兼益友：名作家及顧問艾倫・懷斯（Alan Weiss）。艾倫特別擅長分析問題，並且總能掌握要點。

他會毫不客氣的直指問題要害，他的作風與魯莽之間只有一線之隔。雖然他的答案有時會讓我難過，我卻一定會有如釋重負之感。

我打給艾倫：「我有個問題要問你。」

「好，你說吧。」沒有寒暄閒聊。艾倫直接談正事。

「有一個可能成為新客戶的人，他是芝加哥某大公司的高階主管。這可能是很大的一筆合約。他們正在推動雄心勃勃的計畫，要把營收提高，要建立更以營利為重的文化。」

我繼續道出這個客戶的各種背景。「還有一點，他要跟我約時間通電話，一通接一通，連週末也不放過！」

我覺得把這些全告訴艾倫很要緊。不，是非說不可！他如果不知道整個來龍去脈，怎麼可能了解我的問題，給我適當的建議？我又講了幾分鐘。

艾倫問：「我可不可以插句話？」

我說：「當然可以。」

「請問你想問什麼？」

我的思路被打斷。我還有很多資訊要提供給艾倫。

「啊，是的，那位仁兄覺得這個計畫歸他管……」我開始繼續說明，我認為要提出正確建議一定得掌握背景資訊。

艾倫又打斷我：

「你想問什麼？五分鐘前，你說你有問題要問。是什麼問題？」

我開始侷促不安。

「我的問題啊？哦。」我想了一想。「就是，我要怎麼跟這種客戶打交道，控制慾這麼強，處處小節都要管？」艾倫笑了。

「我就知道一定有問題！你不會過問他們怎麼寫賣給客戶的軟體。他們也不該指揮你怎麼當顧問。在顧問這一行你是專家。你應當告訴這個客戶，比方要買賓士車，沒有人會走進展示間，堅持要求飛到德國去，檢查賓士的裝配線，還建議人家該怎麼製造你要買的車。賓士是著名的品牌。你一定要相信最後的成品，必然符合高標準的期待。」

「同樣地，你要對他們說：『你們有意聘用我，是基於我的專長、經驗和市場聲譽。我有解決類似問題的多年經驗，你們必須讓我用對貴公司最有效的方式，來設計這個計畫。」

聽完我只發得出一聲「噢」。

艾倫問：「你還在聽嗎？這是不是你要的解答？」

「哦，是的，實在太棒了。謝謝你」

「不客氣。還有別的問題嗎？」

「沒有了，你幫了很大的忙。」

「有問題隨時打來。」

我想要把所有的背景一五一十都告訴艾倫，那需要講上五分鐘到十分鐘。可是那些資訊多屬不必要。我應該一打過去就說：「我想問如此這般。」艾倫若需要更多的資訊，他自然會開口問。

你可能也常常碰到這種情況。某人說：「我想請教你一件事。」然後不停的講了十分鐘，把他身陷的曲折迂迴的情況，鉅細靡遺的告訴你。此時你得幫自己、也是幫對方一個忙，**請他說出問題的重點，你只須問一句：「你的問題是什麼？」**

這一問有很大的釐清功效，可以讓對方撥雲見日。它有如早晨穿過濃霧的一道金色陽光。

當有人請你提供意見卻語焉不詳，或是塞給你太多背景資訊時，請問他：「你想問什麼？」

活用好問題的練習

「你的問題是什麼？」
What's your question?

這是一個用心良苦的問題。人們會抗拒，往往避之惟恐不及。但是你不能不問。

當有人徵詢你的意見，或是想「試探你對某事的看法」時，問這個問題等於是幫對方一個大忙。他會被迫好好想清楚自己的需求。迫使他們往澄清真正的問題所在，以及到底需要你提供什麼建議，邁出第一步。

當你這樣問，也會減少別人跟你旁敲側擊兜圈子的次數，你可以儘快進入正題。

使用問題的時機

- 當別人說有事情要問你，卻遲遲不說出問題。
- 當別人請你提供意見，但他述說的情況卻太籠統，使你分不清究竟要對什麼提出建議。

同樣問題的其他問法

- 「這當中必定有你想問的問題……可是是什麼問題呢？」
  There must be a question in there somewhere...What is it?

- 「你希望我針對什麼給你一點建議？」
  What would you like me to give you advice about?

- 「你提到好幾個問題。讓你頭痛的最重要的問題是什麼？」
  You've mentioned several issues. What's the most important one you are struggling with?

接著還可以這樣問

- 「你試過哪些做法？」
  What have you tried?

- 「你覺得有哪些選擇？」
  What do you think your options are?

- 「你最擔心哪件事？」
  What's the thing you most concerned about?

情境 14

扣緊問題核心，吸引對方注意

當別人的腿和膝蓋開始不安分，眼神開始遊移，他卻沒有問題要問，你就該有所行動。你的麻煩來了。

我在與凱薩琳開會，她是一家大型專業服務公司的共同董事長。我們數週前便約好今天見面。討論主題是評估我為她們公司做的某個案子的進度。我很用心的準備，並帶來一大堆文件給她過目。文件內容說明我們進展的要點，清楚而扼要。那厚厚的一疊讓人不注意都難。

約莫二十分鐘後，我發現凱薩琳心不在焉。我說的話她沒有聽進去。她坐立難安。她未曾追問我中肯的問題。情況愈來愈糟。她開始去瞄她的黑莓機。

我很了解那種狀況。我最怕這種局面。對方假裝很認真聽你說，卻偷偷瞥向膝蓋上方，智慧型手機擺放的位置。凱薩琳的心在別的地方。

我不說話，停頓大約五秒鐘：與繁忙的高階主管同處時，這彷彿永恆。

然後我問：「凱薩琳，今天早上我們該討論的最重要的事是什麼？」

她坐直身體，忽然回過神來。

我等候。

她緩緩的開口說：「嗯，這個嘛，你提供的最新消息很有幫助。這摘要，還有你提出的建議，也很有價值。做的很好。」

「好的，謝謝你。現在距預定的會面時間還剩下三十分鐘。還有什麼該討論的要事？」

客戶抬起頭看著我，皺著眉，搖搖頭。她嘆口氣。「我認為我的團隊尚未進入情況。他們抓不住重點。」

「願聞其詳。你說『他們尚未進入情況』，那你看到了什麼徵兆？問題出在哪裡？」

我們改變主題。隨後的半小時內，我們談她的團隊有何疑難雜症。我再問了幾個強而有力的問題。凱薩琳又透露更多內情。於是我針對如何讓她的團隊更能掌握公司的策略走向，提出一些初步建議。至於我負責的專案剩下的進度部分，則留待日後再討論。

我精心準備的文件，幾乎沒有露臉的機會。或許這也不算委屈了它。

當我起身打算離開時，凱薩琳問我：「我們可不可以下星期再一起討論？你問了一些很棒的問題，你的建議也非常可取。我想跟你多切磋一下。」

向前快轉。根據我們半年前的談話重點，凱薩琳正在對她的最高階主管團隊，進行廣泛的改革。她也請我一對一的輔導那些主管，改進他們的工作效能。

當我說：「**我們今天該討論的最重要的事是什麼？**」這簡單直接的問題，為凱薩琳的組織改造指引了迷津。也鞏固了我與她及其高階團隊的關係。

當把會面時間花費在對雙方真正重要的課題上，彼此的關係將深化成長，情感上的共鳴增加，更能切中彼此的需要，相互更為契合。

幾年前我為一位執行長提供諮詢，他跟我說過一個令我難忘的道理。那是切中需要的關鍵。

他說：「記得，當客戶認為他們的成長和獲利都少不了你，你再多的服務，他們都嫌不夠。但如果你只被視為是應加以管理的費用，那麼你隨時都有被裁掉的可能。」

你必須與他人的當務之急和目標產生關聯，才會被視為是成長和獲利的一部分。被當做投資，而非開支。

當對方分心或心不在焉，或是你覺得你們討論的，並非他最急切的主題時，一定要問：「我們今天應該討論的最重要的事是什麼？」

活用好問題的練習

「我們今天應該討論的最重要的事是什麼？」
What's the most important thing we should be discussing today?

假定你與別人談論的主題，與他最緊要的事無關，那他寧願去忙別的。如果你在談話中把更多時間用在對方最重視的事情上，那麼你的影響力和實用性將會大幅提升。

使用問題的時機

以下是可能需要轉變談話重點的某些情況：

- 與客戶或上司開會報告進度時
- 向顧客推銷時
- 與配偶或重要的他人一起時

同樣問題的其他問法

- 「今天你打算談什麼？」
  What would you like to talk about today?

- 「你有什麼心事？」
  What's on your mind?

- 「我們還剩下二十分鐘……有沒有今天應該討論卻還沒有觸及的

事？」
We've got 20 minutes left...is there anything we haven't covered that we ought to discuss today?

- 「有什麼我們該談而還沒談的？」
What aren't we talking about that we should be addressing?

接著還可以這樣問

- 「你能不能說得更清楚？」
Can you say more about that?
- 「這後面有什麼內情？」
What's behind that?
- 「為什麼這件事現在對你很重要？」
Why is this important to you now?

PART 2

贏得人際好感

情境 15

打開話題，從如何起步聊起

「當年傑伊必須去借錢，我是一分錢也擠不出來。」

我正與利奇・迪沃斯（Rich DeVos）在「1913」吃午飯，那是密西根州大激流市（Grand Rapids）最昂貴的餐廳，在各方面都不輸紐約。迪沃斯吃的是他最喜愛的餐點：辣椒醬美食，而且連吃兩碗。

我並不意外，我們獲得無微不至的服務，因為迪沃斯正是這家餐廳的老闆。其實，這整棟旅館和裡面的餐廳，都是他的產業。他也擁有對街的萬豪酒店（Marriott），以及大激流市市中心的幾個區塊。

他是我見過的人當中，最特殊的人物之一。謙和、慷慨、有強烈愛國心，還是擅長激勵人心的演講者，能夠使你振奮到從椅子上站起來，鼓掌歡呼。

他是一個典範，一生走過漫長的開創和成就之路。

噢，還有一點。《富比士》（*Forbes*）雜誌估計他身價是以「億」計的，達到數十億美元。

迪沃斯是安麗（Anway）的共同創辦人，創業夥伴是高中同學兼軍中同袍傑伊・范安德爾（Jay Van Andel）。他倆的交情不言而喻，即使在兩人都退休後，仍然天天聯絡。

如今安麗公司規模達到 200 億美元，在全世界八十個國家，有 300 萬個直銷商。

說起激勵人心。我聽過一次他那激動萬分的三十分鐘演講，當場我就想成為安麗的銷售代表！迪沃斯最引以為傲的，便是他使那麼多人成為百萬富翁，他說總共有數百人之多。

我問他：「迪沃斯，你的成就實在是很吸引人的故事。告訴我，你是怎麼開始的？」

紅心老 K 對愛麗絲說：「從起點的地方開始，然後一直走到終點。」

下面這段敘述彷彿童話故事，但全部都是千真萬確的。

「傑伊和我沒有時間讀大學，我們想要創業。雖然在當時，我不確定我們究竟懂不懂創業的意義。

「從軍中退伍後，我們知道要一起從商，要自己當老闆。我們深信這就是美國夢。一開始我們做包機生意，可是完全做不起來。我們不禁懷疑，接下來要怎麼走下去。」

（這使我想起，人會從經驗中學習，而錯誤可以讓人獲得經驗。英國前首相邱吉爾曾說，成功就是走過一次又一次的失敗，卻不失熱忱。）

「就在包機事業剛失敗後，傑伊聽說了一種食物補充品名叫紐崔萊（Nutrilite）。我們做了一些調查，發現可以成為直銷商。」

「於是起先我們想買銷售文宣及樣品，那得花 50 美元。可是我們兩個湊不出那麼多錢，必須靠傑伊去借那 50 元，我們才入得了行。我連出一毛錢的財力都沒有。」

「經過多年，我們的生意著實大為成長。傑伊和我後來手下有五千個紐崔萊直銷商，我們有意擴大產品範圍。1959 年我們創辦了美式協會（American Way Association），後來改名為安麗。當時沒有人像我們用這種做法。」

迪沃斯繼續講述安麗成長的故事。後來它不只是銷售產品的公司，更演變為一種生活方式，一個不在乎任何人的背景、只要積極努力均可成功的組織。

迪沃斯和我那頓午餐吃了將近三小時。不過他的公司是怎麼踏出第一步的，才是我最大的收穫。我發現我問迪沃斯的第一個問題：「你是怎麼開始的？」把我帶向出乎意料的驚奇之旅。

同樣的問題（你是怎麼開始的？），我也問過玫琳凱化粧品（Mary Kay Cosmetics）創辦人玫琳・凱・艾許（Mary Kay Ash）。她的故事也是好特別：單親媽媽必須馬上找到扶養幼兒的門路。

還有一元連鎖店（Dollar General）的卡爾・透納（Cal Turner Jr.），他最早是賣女用燈籠褲的（沒錯，燈籠褲！）還有幾十則這類的故事。

至於利奇・迪沃斯，他天生就受到上帝的眷顧。就企業經營而言，他實屬幸運兒。

「你是怎麼開始的？」這個問題連最有名、有權勢或財富的人，都難以抵擋。不妨問問我們所遇見的每個人，對朋友、同事或陌生人也不例外。你因為這個問題而聽到的故事，將意外的無比精彩。

且遵循紅心 K 的名言，從起點入手。讓「你是怎麼開始的？」這個問題帶你步上美好的旅途，那裡有交談與資訊的金礦，等待你去挖掘。

想要讓別人打開話匣子，說出不輕易告訴外人的故事，使自己受益良多，問這個問題「你是怎麼開始的？」會很有用。

活用好問題的練習

「你是怎麼開始的？」
How did you get started?

在所有可問的話題當中，這個問題最棒之處，在於能夠為你和說故事的人帶來歡樂、熱情和啟發。「你是怎麼開始的？」讓人說出許多發光發亮的故事，每一則都十分難得，都充滿歡樂（不時也會出現傷感情節），經常也會引起笑聲。

這個問題能夠替你發掘好奇心強、微笑面對人生的人物。他們不怕冒險賭上一切，不怕擲出骰子。即使走得跌跌撞撞也無所謂，因為他們知道，甜美的果實是可以求得的。

當你問：「你是怎麼開始的？」也等於是在平凡中找出不平凡。每個朋友、同事、甚至陌生人，心中都有一個難以忘懷的故事。他們怎麼選定自己的行業。怎麼認識自己的伴侶。比如某次不在計畫中的洛杉磯之行，促使他倆決定廝守終身。當對方分享這類故事時，你們之間便產生連結。

使用問題的時機

- 任何時候都可以，請對方談談他的事業是如何起步，或是人生其他層面的開端。

同樣問題的其他問法

- 對夫妻：「你們兩個是怎麼認識的？後來又怎麼決定在一起？」
  How did you two meet and end up together?

- 對藝術家或音樂家：「誰教你的？是怎麼苦學有成的？」
  Who taught you? How did you learn your craft?

- 不分對象：「你在哪裡長大？後來怎麼會……？」
  Where did you grow up? And how did you end up in...?

接著還可以這樣問

- 「你當時是怎麼決定要這麼做的？」
  How did you decide to do that at the time?

- 「你學到最痛苦的教訓是什麼？」
  What was the toughest lesson you had to learn?

- 「假使當時沒有成功……你覺得會變成什麼狀況？」
  If that had fallen through...what do you think would have happened?

情境 16

挽救局面，勇敢請求重來

他說：「你不但得寸，還要進尺。」他臉上沒有笑意。

我正在跟艾倫．法弗特（Allen Favort）討論捐款給母校的事情。我從他告訴我的種種，還有他過去的捐贈，知道他多麼愛護當年讀的大學。我也知道他財力雄厚，可以出手很大方。而他也很清楚我知道這一點！

由於我對他奉獻母校的心意太有把握，絲毫未浪費時間便切入正題。我跟他打完招呼，便馬上說明來意。

「我知道你多麼愛你的母校，希望你能夠捐贈 100 萬美元給你畢業的工學院。我曉得你對工學院愛護有加，而且近年來每年都捐款給他們。」

就在此時，他制止我再說下去，用一個像棒球手套那麼大的手掌遮住我的臉孔。

「你就這樣衝進來，一開口便要我拿出 100 萬，你以為我一定對工學院有興趣。」

切洛奇印地安人（Cherokee）在上戰場前會說一句：「今天是戰死的好日子。」那正是我當時的感覺，我以為這一仗已經打完，自己已經戰死沙場，被擔架抬走了。我看著法弗特，深深吸了一口氣。

「我不敢相信，自己居然這麼大意。」（我到底在想什麼？我知道做這件事，得花時間把關係拉近。然後像蝴蝶找停駐點一樣，不著痕跡的探索，設法找出正確的切入點。）「真不好意思，我想我太了解你了，所以就單刀直入。我為自己考慮不周道歉，請你大人不計小人過。」

接著我拿起公事包和外套走出去，連再見都沒有說，逕自關上門就走了。

約二十秒後，我又去敲門，然後打開一道門縫。

「嗨，艾倫，我可以進來一下嗎？有一件很特別的事要跟你商量，是有關母校的事，我覺得你聽了一定會很雀躍。」我接著說：「還有，你不介意我整個重新來過吧？」法弗特微笑，點點頭，沒說什麼。

然後我開始照該有的步驟走：閒聊、察言觀色，開始問問題。最重要的是，我鼓勵法弗特發表意見。我小心奕奕地把鑰匙插進鎖孔裡。

於是我聽到這樣的結果。經過一些有技巧的探聽才知道，法弗特原來完全無意捐款給工學院，他想捐助的是母校的戲劇系。

他對我說：「我想除了我太太，大概沒有人知道，當年我進大學時主修的是戲劇，我想當演員。幸好後來轉唸工科，讓這世界少掉一個很糟的演員。」

「萬一我要捐錢，請注意，我可沒說我打算捐，不過對你剛才不告而別前，提出來的那個獅子大開口的金額，我願意再談談。」

　　我們談了又談。

　　最後他說：「你知道我們討論的戲劇系嗎？（其實都是他一個人在說。我只是偶爾插進一、兩個問題。）我想如果多給我兩年時間，我可能會捐個 100 萬。」

　　我開始背誦起讚美詩。

你或許會覺得尷尬，不過重新來過，從頭談起，是有勇氣的大膽策略。不論是在辦公室裡對工作的對象，或是在家裡對家人，當你起步走錯時，請問一句：「不介意我們重新來過吧？」

活用好問題的練習

「不介意我們重新來過吧？」
Do you mind if we start over?

切記，不要跳過探索和徵詢階段，就直接提出請求。那麼做如同把不會游泳的人推到深水處。他可能不會浮出水面換氣。他可能把你一起拖入水底。

一般人都有寬容之心。他們也想跟你好好談談。問一句：「不介意我們重新來過吧？」可以令對方釋懷，露出微笑。那個微笑可以為重新開始對話鋪路。

使用問題的時機

- 當對話開始得很不順利。
- 當你與朋友或家人，陷入徒勞無功、充滿情緒化字眼的辯論中。

同樣問題的其他問法

- 「我一開始做得不好。你會介意我從頭開始嗎？我還沒有好好說清楚。」
  I've gotten off on the wrong foot. Do you mind if I begin again? I haven't done this justice.

- 「我們可不可以退一步？我們真正該談的主題是什麼？」
  Can we step back from this? What should we be talking about?

接著還可以這樣問

- 「謝謝你。不介意我問一個問題吧？」
  Thanks. Do you mind if I ask you a question?

- 「我想要重新開始的原因是，我把事情搞砸了。我可不可以再試一次？」
  The reason I'd like to start over is that I put my foot in my mouth. Can I give it a second try?

情境 17

拉近距離，問最大的滿足感是什麼

你認識抽玉米心菸斗的人嗎？我想應該是不認識。甚至，你知道玉米心菸斗是什麼嗎？我想應該也不知道。

這個嘛……艾倫．哈森費（Alan G. Hassenfeld）就是抽玉米心菸斗，倒不是因為他抽不起更好的，但是哈森費與眾不同的地方不只是菸斗。等一下各位便會更了解這位企業領導人、慈善家和全球旅行家。

前羅德島州州長布魯斯．桑德倫（Bruce Sundlun）有一天對我說：「哈森費是我們州裡最具影響力的人，也是最強勢、最有領導力的人之一。」哈森費當時是羅德島州雇用最多人的公司執行長，州長之所以這麼說，那是原因之一，但不止於此。

桑德倫說：「他是我們的榜樣。他以身作則。他曾經參與數十項對本州、對他所住的坦普市（Temple）都有好處的活動。」

哈森費在四十一歲時，當上祖父創辦的家族企業孩之寶玩具公司（Hasbro）的執行長。這家公司生產玩具和遊戲。

孩之寶在哈森費的領導下，呈現跳躍式的成長。目前它一年營收達 40 億美元（那可是要賣不少玩具與遊戲），也是玩具市場上的翹楚。它並且名列《財星》雜誌（*Fortune*）美國百大最優企業。

幾年前，哈森費不再積極參與公司的經營，但繼續擔任董事長。我對孩之寶的經營宗旨「我們立志要成功」有深刻的印象。哈森費也確實不辱使命。

我跟他有過多次相處經驗。我現在特別要提的那個晚上，我倆是在曼哈頓的哈佛俱樂部（Harvard Club）輕鬆的吃晚餐。我們聊不停。

「哈森費，在你經營期間，孩之寶的營收增加了超過一倍。你身為執行長，如何處理棘手的情況和難題？」

他告訴我：「我奉行一句話，那是我的哲學：『難題就好比甜筒冰淇淋，如果不去舔它，就會弄得一團糟。』」（我也要分享自己的一句話：贏家有如茶包，不放進熱水裡，你絕對看不出他真正的能耐。）

哈森費又告訴我十幾句他的名言，都極為有趣。

我對他說：「你的人生極為成功。你是全國公認的成功企業領導人；在本地和全國的猶太界，都是極受尊崇的推動者；也是羅德島州最重要的發言人之一，外加半打榮譽博士學位。**你這一生哪件事帶給你最大的滿足感？**」

我以前從未問過哈森費這個問題。即使像他這麼反應敏捷的人，我相信在回答之前，也一定要花點時間思考。可是我猜錯了。

哈森費說：「我非常清楚，讓我最有滿足感的，就是孩之寶兒童醫院（Hasbro Children's Hospital）。那是我們家族捐錢蓋的，看到我們幫助的那些孩子，再跟滿懷感激的父母聊一聊，相形之下，我這一生做過的所有其他事情都顯得遜色。你知道我最喜歡什麼嗎？耶誕節的時候，帶著禮物到每間病房。還有什麼事會比這更要緊？還有什麼能給你更多的快樂？」哈森費說得興高采烈，而且是發自至誠。

因為我的提問，引得他陸續告訴我，他贊助哈佛大學的領導力獎學金計畫（Leadership Scholarship Program），以及提供給羅德島州史密斯費（Smithfeld）的布萊恩大學（Bryant University）的類似計畫。哈森費還捐助大筆的經費，提供蘇丹、海地、阿富汗、泰國和以色列乾淨的用水，並協助去貧。

哈森費得天獨厚。他似乎抓住了人生的真諦。他致力於激勵他人多做夢，多學習，多做事，成為更圓滿的人。

在我問了一個簡單的問題後，他滔滔不絕道出這些，我從中獲益良多。俄文裡有一個字 shamanstuo，意指魔力的品質。

接著，發生了不可思議的事。全是拜我的問題之賜，他要我立誓保密。

他說：「我要告訴你一件事。但是這件事一定要絕對保密。我們可能再過幾星期就會宣布。目前只有少數人知道，現在多了你一個。」

他靠攏過來，聲音小到幾近耳語。他四下觀察，確定沒有人在偷聽我們講話。

「我們要捐出最後總額接近 1 億美元，給一個在曼哈頓的計畫。那會讓整個紐約市，甚至全美國都備受震驚。那是紐約市最令人興奮、也最急需的計畫之一。我光是想到它，都會發抖。」

讀者或許還記得，我一開始只問了哈森費：「你這一生哪件事帶給你最大的滿足感？」這個問題為我開啟了一個哈森費人生的全新領域，那是我過去所不知道的。它是指向金礦寶藏的礦脈。由於這個問題問得太好，也使我能夠享有在其他狀況下，不可得的私密對話。

請試著問問朋友、同事和家人：「你這一生哪件事帶給你最大的滿足感？」。問完就好整以暇的好好傾聽。你會因此發掘成箱成篋的珠璣。

活用好問題的練習

「你這一生哪件事帶給你最大的滿足感？」
What in your life has given you the greatest fulfillment?

滿足感有別於成就感或幸福感。滿足感來自希望和夢想得以成真。它反映一種完整或充實的狀態。那是你深感滿意的時刻。

當你問別人，什麼事令他感到滿足時，等於打開一道大門，可以去探索對他必然十分特別的事情。這一問將建立起有力的連結，如同輕鬆的共餐，或是共度親近的一晚。

使用問題的時機

- 為了在工作上或專業場合，與他人建立更親近的交情。
- 為了更深入認識自己的朋友和家人。

同樣問題的其他問法

- 「你這一路走來，最讓你感到滿意的是什麼？」
  What in your life gives you your greatest sense of satisfaction?
- 「在你的經驗中，曾經帶給你最大滿足感的……（關係、經驗、工作等等）是什麼？」
  What is the most fulfilling...(relationship, experience, job, etc.) that you've ever had?
- 「你一生當中，影響你最大的經驗是什麼？」

What experience affected you the most in your life?

接著還可以這樣問

- 「請再多講一點。什麼讓你尤其覺得滿足？」
  Say more about that. What was especially fulfilling about it?
- 「還有沒有其他也讓你深感滿足的事情？」
  Is there anything else that has also been deeply fulfilling for you?

情境 18

需要明確答覆，直接二選一

我個人最珍愛的物品中，有一本是理查．康努耶爾（Richard Cornuelle）題字的贈書，書名叫作《重拾美國夢》（*Reclaiming the American Dream*）（歐巴馬總統很喜歡這個說法，所以也用它做自己著作的書名。）

「祝摯友萬事如意。」署名是「迪克」（理查的暱稱）。

說句老實話，他實在很客氣。我們並非真正的好友，但確實在工作上熟識。各位知道之間的差別吧？

那本書，還有作者，都在我心中留下不可磨滅的印記。此書一出便轟動全國，並連續高居《紐約時報》暢銷書排行榜好幾週。它帶來一股清新的能量，一股重生的勇氣。它激起火花，使人類靈魂燃起熊熊烈火。

我當時正在推動一個計畫，透過私人銀行替大學生找到財力資助，以避免向政府貸款。迪克．康努耶爾帶領我們一路向前衝。我與他共事的感覺是彷彿聽到了騎兵隊衝鋒陷陣的號角。

他不久前離開人世。他是一位偉人，是一棵迎向天堂的壯碩大樹。他那本書當年出版時，還有些驚世駭俗，後來卻成為許多人的新信條。

書中主張，任何促進社會進步的計畫若仰賴政府經費，都是很愚蠢的選擇，而且難免造成貪污。他說，政府會吹噓成果多麼輝煌，卻極少介入，發錢也很大方。（這使我想起，哈姆雷特很肯定的說過：魔鬼可能披著討人喜歡的外衣。）

康努耶爾倡議，個人及非營利志工組織的地位重要。他這本書後來成為個人責任的《大憲章》（*Magna Carta*），是一本權威著作。

「獨立部門」（Independent Sector）一詞是康努耶爾最先提出的。他說明，不必政府參與但可解燃眉之急社會需求的方法是什麼。他的觀念本身是漸進式，但影響卻是革命性的。

他喜歡引用托克維爾（De Tocqueville，十九世紀法國人，對美國的民主有深入觀察）的話。有一天我正好在他的辦公室，他拿出一疊紙，然後唸了一段托克維爾談到，美國人有不靠政府解決問題的天分。

我們透過私人銀行提供大學生獎助學金的計畫大為成功。在很短的時間內就有四百多家銀行參與。人生最大的樂事之一，就是達成別人告訴你辦不到的事。

接著康努耶爾打算為弱勢族群解決住的問題。他下定決心，意志堅強，不屈不撓，不愧是康努耶爾的本色。滿懷頂尖衛理公會教徒才有的自信。

記得他當時對我說：「我要一個答案。現在就要。」

康努耶爾要我毫不含糊的承諾加入這個計畫。

「你要不要跟我一起推動這項計畫？我要明確的要或不

要？」他有辦法看穿一個人，直指你的內在靈魂。

可是我有我的困難。我很愛他這個人，也認同他的理念。但是有另一個工作在等著我，我有機會轉到外地去，並且做一些研究工作。我遲疑了。

我很快就會把我的答覆告訴各位。不過容我先解釋猩猩塵埃（Gorilla Dust）的意思。

當兩頭公猩猩要打架時，兩方都來勢洶洶。彼此不斷的、不斷的繞圈子。

在這過程裡，牠們在地上東抓西抓，舀起一把把塵土往空中拋，形成漫天塵埃，便是猩猩塵埃。沒有決定性的事情發生。兩頭猩猩只是一直在打轉。

但康努耶爾問對了問題。他要一個肯定的「要」或「不要」的答覆，不要猩猩塵埃。他要知道，我願不願意搭上他那輛急速行駛的巴士。

每當面對單刀直入的詢問，對方不免拋出一堆猩猩塵埃，不想直截了當的回答，一直顧左右而言他。

這時你就得判斷，不管答案是肯定還是否定，對方究竟有沒有誠意，還是在用猩猩的障眼法。**要獲得確切答案，唯一的方式便是用封閉式問法：要還是不要？**

這是做決定的時刻。

我必須給這位倡導小政府的朋友一個答覆，我要不要跟著他，繼續從事第二項大業，還是今後只過著平淡無趣的餘生？

「好，好，迪克，我會一路追隨你。」

如果康努耶爾對我說：「我希望你考慮加入我現在要推動的新計畫。」或是問：「你覺得有沒有可能參與這項新計畫？」類似的方式會得出什麼結果？我們只會愉快的討論，不會導致決定性的行動。

那不是他要的。他想知道：「要還是不要？」由此可知，封閉式問法在某些場合是最恰當的。

康努耶爾實現了人生目標。我們在這個國家，在他加上「獨立」這個驕傲的形容詞的部門，能夠享有不假他人、戮力而為的想法和行動。

當你需要對方給你明確、不迴避的答覆時，請用一個無所逃避的封閉式問法：「要還是不要？」

活用好問題的練習

「要還是不要？」
Is it a yes or a no?

當你試圖讓某人對某件事許下承諾，或是讓他下定決心做承諾時，有很多提問的方式。如客氣的徵詢：「你覺得……怎麼樣？」然而有時候，你必須不留絲毫搖擺的空間。

當你想要獲得直接坦率的回覆時，封閉式問法非常有用。要還是不要？這個只能回答是或否的問題，若問得有心且得當，會是有力而難以敷衍的利器。

使用問題的時機

- 確認他人是否百分之百的承諾。
- 發掘他人的疑慮或遲疑。

同樣問題的其他問法

- 「你能不能百分之百的承諾？」
  Can you commit fully to this?
- 「你想加入還是不想？」
  Are you on board or not?
- 「你可不可以現在就做最後的決定？」
  Can you make a final decision now?

接著還可以這樣問

- 「這件事最令你躍躍欲試的是什麼？」
  What excites you most about this?
- 「你最大的疑慮或保留是什麼？」
  What are your biggest doubts or reservations?

情境 19

打開心防，問問真正的夢想

二十多年來，班・山普森（Ben Sampson）每週工作六十小時，在企業升遷的階梯上努力往上爬，陸續擔任責任較重、較有權威的職位。

班・山普森這個名字或許聽來陌生，可是你我都認識許多像他這樣的人。他的太太麗絲為了養育兩個孩子，放下本身的事業。她維繫整個家庭度過幾次搬遷和不少青春期危機。

現在孩子們即將離家去讀大學。

班和麗絲是讀研究所時相識。畢業後他倆的事業都發展得很好。班進入一家大型工業公司，麗絲則進入一家大銀行。

五年後，麗絲為了生小孩辭去工作。從此她不曾再成為上班族，可是每週照顧幼兒的工時，比丈夫在公司上班的時間還要長。

帶小孩的責任不勝枚舉。從清晨六點就開始（除非某個孩子半夜便醒來，而這種事經常發生）。每年還要參加學校的義賣會。擔任六年級的媽媽助教。送孩子學音樂。找家教。參加課後體育活動。

麗絲每月至少一次還得陪伴先生，和到總公司出差的高階主管一起吃飯。

她有很多女性朋友婚後仍保有自己的事業。其中有些人說的話，在她聽來不免刺耳。「你什麼時候再復出上班？」像這種問題她可以應付。可是當某個友人問她：「你什麼時候才會找個像樣的工作？」麗絲再也受不了了。

她很喜歡當媽媽，也慶幸有可以多陪陪孩子的餘裕。沒錯，她也有其他的想法和計畫，可是她心甘情願的把那些暫時放在一邊。

十二月初的某個晚上，班又工作到很晚才離開辦公室。他坐在通勤火車上時想著，兩個女兒都快成年了。

他不知道等女兒們都離開家後，太太要做什麼。

班有一個很親近的同事，不久前才經歷了慘痛的離婚過程。他想知道到底是哪裡出了差錯。同樣的狀況會不會發生在自己身上？

有一次他和那位同事在附近小店喝酒聊天時，他問對方：「怎麼回事？」

「她生我的氣，說自從結婚以來，我從來沒有給過她希望的那種親密感。我可以追求事業，她卻得待在家裡，也讓她非常不滿。」

班很確定自己的妻子沒有那麼憤怒。可是……他沒有百分之百的把握。他們夫妻從未討論過這個話題。

班的同事被婚姻失敗的痛苦，打擊得一蹶不振。那晚他們離開小店時，同事告訴班：「你應該問問麗絲，現在孩子大了，她有沒有什麼打算。我太太最後對我的怨言之一就是：

『你總是只顧自己的夢想，從來沒有問過我有什麼夢想。』」

偉大的藝術家和領導者總是緊守著夢想，不像我們一般人常常遺忘夢想。作家兼哲學家梭羅喜歡沉浸於自身的想像中，他曾寫道：「夢想是性格的試金石。」畫家梵谷曾對朋友說：「我夢想要畫的東西，然後畫出那些夢想。」

班在回家的火車上，就那位同事說過的話想了很多。同事說得沒錯，而他和麗絲從未談過這個問題。他不曾想過麗絲有什麼夢想，更不用說他自己的夢想。他很喜歡目前的工作，但偶爾不免懷疑，他努力往上爬的階梯是否靠錯了牆壁。

這天晚上，在很晚才吃晚餐的餐桌上，班看著麗絲，問了她一個簡單的問題：

「麗絲，你有什麼夢想？」

「你說什麼？」

「我覺得好奇……你有什麼夢想？你以前提過，想再回學校把學位唸完，還記得嗎？」

麗絲低頭看著自己的盤子，再度抬起頭來時，眼眶裡滿是淚水。

她說：「你從來……你以前從來沒有問過我這個。」他倆在餐桌上一談就是兩小時。麗絲盡情傾吐心中的夢想、希望和恐懼，班只管聽。等他們上床就寢時已接近午夜。

一旦把彼此的關係視為當然，情感就會轉淡。不要只是虛應故事！對待配偶或伴侶要如同新婚一般。對待老客戶要像剛接觸的新客戶。跟朋友打招呼，要彷彿一年沒見面。**請用一個**

簡單的問題：你有什麼夢想？來表示自己的關心，並協助對方重拾最嚮往的渴望。

日常生活的瑣碎總使我們疲於應付，難有做夢的機會。不妨藉著「你有什麼夢想？」這個問題，讓朋友或所愛的人與你分享心事。

活用好問題的練習

「你有什麼夢想？」
What are your dreams?

這是個看似簡單卻威力強大的問題，可是大多數人都不敢問。或許是基於擔心會太唐突，也可能是害怕會聽到什麼答案。然而人人都喜歡做夢，也都有夢想。

當你請別人跟你分享夢想，對他們而言可能會是神奇的一刻。

使用問題的時機

- 想要與所愛的人或朋友建立關係或拉近距離時。
- 想要幫助別人重拾熱情和願望時。

同樣問題的其他問法

- 「你有什麼這一生很想做卻一直無暇顧及的事？」
  What things would you like to do in your life that you haven't gotten around to yet?
- 「如果沒有任何限制：小孩、金錢、配偶的工作，什麼阻礙都沒有，那你想做什麼？」
  If you had no constraints—children, money, your spouse's job, whatever—what would you like to do?

接著還可以這樣問

- 「那個夢想讓你感到最滿足的是什麼？」
  What would be most rewarding about that for you?

- 「要怎麼做才能實現這個夢想？」
  What could make that possible?

- 「妨礙你實現夢想的因素是什麼？」
  What's getting in the way of doing that?

情境 20
適時沉默，也許最能找到答案

「有空儘快打給我。我有事跟你商量。」

我們剛做完十一點的禮拜，我正在與教會的信眾寒暄。此時牧師湯姆．席威爾（Tom Sewell）抓著我的手臂，低聲說他急著見我。我是教會理事會的主席，湯姆和我的關係十分密切。

星期一早上，我第一件事就是打電話給他。我不知道該怎麼想。其實我正預期最糟的狀況。

第二天我坐在湯姆滿是書香的辦公室裡。我看得出來他心中正經歷很大的掙扎。我從來沒看過他這個樣子。

湯姆對我說：「有一個新職位要找我去。還記得四個星期前的星期天，那天我沒有來主持禮拜，其實我是被紐約某教會請去做客座牧師，他們要考核我。那是我們教區中規模最大、知名度最高、最有聲望的教會。他們要我去當主任牧師，那將是整個教區最重要的職位。」

我回答：「我以你為榮，可是我不意外。在你主持之下，我們教會的規模成長了三倍，信眾也都很喜歡你。最難得的是，你宣揚道理更身體力行。那麼你決定去還是不去呢？」

他說：「難就難在這裡。我無法決定。南西雖然不贊成我動，可是不管我怎麼決定，她都會支持。我曉得孩子們一定不願意。他們在這邊有很好的朋友，而且也到了會反對搬家的年齡。你說，你認為我該怎麼辦？」

我頓了一下，很快的思考湯姆的兩難。有時候，當抉擇取決於個人的成分極大，而所有選項都令人難以取捨時，最好的辦法就是深入對方的內心，直到找出他真心的願望。

我決定使用優劣比較法，就是拿一張紙，在中間畫一條線：一邊寫利，一邊寫弊。

我開始一一問他。好處不少。待遇提高、提供住宅、信徒數是我們的四倍、有全職總務主管及七名員工。

但是另一邊的條目更多。先是牧師娘希望留下來。再來是他的老大、老二已經讀高中：泰德是籃球校隊，法蘭則當班長。而湯姆本人原來也不怎麼喜歡紐約。

還不止於此。到新教會去，他所有的時間都得花在布道上。他會失去與信眾所有的私人聯繫和關係。

到紐約後他將是教會的門面，而非教會的靈魂與精神。更何況我們教會剛展開專案募款活動。湯姆擔心在此關鍵時刻離開不太好。值得顧慮的清單很長，

我前後聽他講了幾小時。

然後是一段很長的緘默。毫無聲息。有如苦行僧修行時的靜謐。最後我悄聲問：「那麼，湯姆，根據你剛剛所說的，你覺得正確的決定是什麼？」

湯姆從椅子上跳起來，給我一個大大的熊抱。「你把答案

告訴我了，事實擺在眼前，我要留下來。」

其實我根本沒有給他任何答案，是他自己找到的。我彷彿聽到背景傳來電影《洛基》（*Rocky*）的主題曲。

那是三年前的事。湯姆從未後悔做了這個決定，我也沒見過比他更快樂的人。他的信眾持續增加，講道更讓人覺得頗受激勵和啟發。他即將為幾個當年上過他的主日學的孩子主持婚禮。他是快樂而心滿意足的人。

有些時候旁人不必提供意見。有些情況下更要絕對避免。**若讓當事人自己替自己的問題找答案，反而可能出現靈光乍現的頓悟**。英國女作家維吉尼亞．伍爾夫（Virginia Woolf）視之為「存在與啟迪的時刻，在靈感乍現中悟出真理的非比尋常時刻。」

當一個決定是很個人的，可以這麼問：「你覺得對你來說什麼才是正確的決定？」然後默不作聲。不要填補尷尬的冷場。給對方發覺正確答案的機會。

活用好問題的練習

「你覺得對你來說什麼才是正確的決定？」
What do you feel is the right decision for you?

十七世紀西班牙耶穌會（Jesuit）修士巴塔薩．格拉席安（Baltasar Graciel），頗為國王、王后和富有貴族所倚重。他在至今仍很受歡迎的著作《俗世智慧的藝術》（*The Art of Worldly Wisdom*）中寫道：「當你替王公貴族出主意時，要做得好像是在提醒他貴人多忘事，而並非他不夠聰明，自己想不出來。」

有時我們該做的是，幫助他人了解自己的真心，發現屬於自己的決定，而非督促他朝特定的方向前進。

使用問題的時機

- 當兩種抉擇的得失太相近。（當面對兩個選項難以取決時，理性分析可能也幫不上忙。）
- 當做決定的個人因素較大，並可能影響到親近的人。（我們無法量化搬到新城市對一個孩子的影響，唯有將心比心才體會得出來。）

同樣問題的其他問法

- 「你的內心怎麼說？」
  What does your heart tell you?

- 「這個決定對你的家人（配偶、子女、心愛的人）會有什麼影響？」
  How will this impact your family (spouse, children, loved ones)?

- 「無論選哪一個，你認為在兩年內，你可能各會有什麼遺憾？」
  With each of these choices, what regrets do you think you might have—either way—in two years?

接著還可以這樣問

- 「你覺得對你而言，決定性的因素是什麼？」
  What would you say is the deciding factor for you?

- 「知道這一點後，你的下一步是什麼？」
  What's your next step from here?

情境 21

以對方為主角，破除藩籬

我在跟瑪格麗特吃午餐。

通常我不會抽時間赴這種午餐約會。可是過去一年來，瑪格麗特每個月都來電，要和我安排時間聚一聚。她是銀行的協理，負責私人金融部門，而我在那家銀行有商業帳戶。

我心想：誰知道我哪天可能也需要貸款？不如就認識一下吧？我與她從未見過面。

侍者還沒過來點菜前，瑪格麗特便聊起她在這家銀行工作多年。她告訴我如何一步步爬到今天的位子。「我工作很努力才有現在的成績。」

侍者送上海鮮濃湯。我們邊喝邊聽她講，在夏威夷度假兩星期有多麼愉快。「我們每年都會去那裡。我們在大島（Big Island）上有分時共享的度假屋。那裡美極了。」

（我不知道她還要講多久。電影《疤面煞星》（*Scarface*）裡很有趣的一幕是，艾爾帕西諾（Al Pacino）躺在豪宅的大浴缸裡，享受著泡泡浴。他環顧四周，問道：「就只有這些了嗎？」我也有同樣的疑問。）

在湯與卡布（Cobb）沙拉之間，瑪格麗特又講起她剛抱孫子。她翻動皮包，從裡面掏出一些相片給我看。沒有比剛升格當祖母更值得驕傲的。（但不知道瑪格麗特有沒有問題要問我。到目前為止是沒有。）

我們開始喝餐後的咖啡。她看看手錶。彷彿突然被提醒，顯然到了該告別的時候。她說：「真是很難得，跟你聊了那麼久。很盼望下次再見面。」

喂，這是怎麼回事？我意識到，我對瑪格麗特認識了很多。她卻一點也不認識我。完全不了解。她不知道是什麼使我充滿幹勁，或是我每天早晨為了什麼而起床。她對我的事業一無所知。

試想，只要幾個簡單的開放式問題，她就能發掘多少資訊。例如：「說說看，你對我們銀行的服務有什麼感覺？」或是「你為什麼決定自己出來做？」或是「你是我們的重要客戶，我們應該如何改善，才更能符合你的需要？」

最重要的是問：**「真的嗎？可不可以再跟我多說一點？」**

當別人回覆你的問題後，假使你說：**「願聞其詳。」**交談和資訊就會如洪水般源源不絕。這簡單的幾個字，幾乎在任何時間都可用來打開話匣子。「再多說一點」是十分方便好用的提示句。或許每天都用得到。

我搖著頭離開餐廳。

回到辦公室，一個同事問起午餐吃得怎麼樣。「這時間花的值得嗎？」

「不值得！」我還來不及想到恰當的回答，就馬上脫口說出這句話。

同事問：「為什麼？怎麼回事？」我回想剛才的午餐，這才意識到，那位銀行協理沒有問我，任何有助於釐清我對本身工作或事業發展有何想法的問題。她也未分享有用的資訊，像是她的客戶中，有些與我從事類似行業的人，他們面臨像我一樣的挑戰時怎麼應對。由於她不知道我的優先要務是什麼，便無從判斷可以如何改進對我的服務，或是提供其他對我有用的服務。

親愛的讀者，你我是否都有同樣的遭遇？

與客戶交談時，重點不在你身上。假使你只顧高談闊論，就無法了解對方。假使你滔滔不絕，於是你變成主角。假使只聽見你的聲音，對方沒有置喙的餘地。

你該做的不是傾聽和回應。而是要獲取資訊和製造生動的對話。這當中有重要的差別。**「請再多講一點」，是一把開啟他人的思想與經驗藩籬的魔法鑰匙。**

想要多得到一些資訊，並鼓勵他人暢所欲言，不妨善用這個問法：「你可以再跟我多說一點嗎？」要多加利用。它對交談的作用，就彷彿在剛烤好的麵包塗上奶油，令人食指大動。

活用好問題的練習

「你可以再跟我多說一點嗎？」
Can you tell me more?

某位女士在一個月內，先後與兩位十九世紀英國偉大的政治家共進晚餐。這對立的兩人是格拉史東（Gladstone）和迪斯雷利（Disraeli）。他倆都當過英國首相。有人請這位女士做個比較，她說：「我與格拉史東先生吃過飯後，覺得他是英國最聰明的人。」當朋友問她另一晚外出用餐的情形時，她答：「我跟迪斯雷利先生吃過飯後，我覺得我好像是全英國最聰明的女人！」

當你把談話焦點都集中在自己身上，別人或許會覺得你很聰明。但是你無法贏得對方的信任。你不會了解對方。你會喪失為深厚長遠的關係打下基礎的機會。

使用問題的時機

- 經常且隨時隨地。
- 做為鼓勵他人深入闡述及吐露更多的一般提示。

同樣問題的其他問法

- 「那件事你可不可以再說得更清楚些？」
  Can you say more about that?

- 「你說……的意思是？」（請對方更仔細界定用語。）
  What do you mean by...?

接著還可以這樣問

- 「什麼時候？」
  When?
- 「什麼情況？」
  What?
- 「什麼方式？」
  How?
- 「什麼原因？」
  Why?

情境 22

最難答的問題，挖出最深沉的經驗

侍者把三樣冒著蒸氣的美食端上我們的餐桌。過一會兒又端來兩盤。

與我共進晚餐的是查克．寇爾森（Chuck Colson）和他的太太佩蒂（Patty）。地點在我倆最喜愛的中餐廳。查克是我心目中的英雄。

我自認對他的人生瞭如指掌：幾乎所有的細節都如數家珍。可是晚餐時我挖出了新東西。原因是我問了一個過去從未問過的問題。

等一下馬上會告訴各位我問了什麼。那真是一個很有力的問題。我一提出來，我們就談了整整兩小時：從木須肉吃到幸運餅乾。

不過且讓我先介紹寇爾森這位不凡的人物，我只會約略提及他的生平。他的自傳《重生》（*Born Again*）熱賣超過三百萬冊。（這本暢銷書全部的版稅，均用於成立「更生團契」。事實上他有多本著作，版稅一律都捐給這個教會組織。）

有人可能記得，他曾因涉及和共謀水門案醜聞而坐牢。（其實他從未參與此事，不過那是題外話了。）

查克年僅三十來歲，就成為尼克森總統的特別顧問。他的辦公室就在總統的祕境辦公室的隔壁。尼克森討厭（總統專用的）橢圓形辦公室，大部分時間都待在他自選的僻靜辦公室裡。

查克是尼克森非正式內閣的一員。討論重要政策議題時都會讓他參與。對查克來說，不論半夜兩點接到電話談事情，或是白天經常被尼克森召進辦公室，都是稀鬆平常。

這些事我都清楚。當然我也知道，他因為捏造的證據，指他涉及共謀水門案而坐牢。

有一個我經常問別人，卻從未問過查克的問題是：**「你被問過最難回答的問題是什麼？」**

查克的答覆完全在我意料之外。我本來以為一定會與他創辦「更生團契」有關。

他說，進監牢是他這一生遭遇的最重大的事件。《紐約時報》曾寫道：「寇爾森的人生展現了史上最不平凡的救贖。」

他被判刑三年，實際坐牢七個月。可是那段期間，「更生團契」的種子已經種下。他說，人生的際遇關係不大，如何應對才將決定你的人格。

「更生團契」逐漸成長為全世界最大的獄友更生組織。它在全球一百一十個國家都有分會。從這裡出來的獄友，獲釋後遠離囹圄的比例甚高，不像其他大多數犯人，出獄後很快又會回籠。寇爾森是目前已衍生出數百個類似組織的更生運動之父。

再回到我提的問題：「你被問過最難回答的問題是什

麼？」。結果那與他坐牢一事無關，也與他成為世上最偉大的獄友改革者無關。我且讓他來述說他告訴我的故事。

• • •

「尼克森總統把我叫到他辦公室。那時已經是深夜。就只有我們兩個。

「我可以告訴你，我們大家都覺得欣喜異常。他競選連任成功，在當時是美國史上最大的壓倒性勝利。他不可能有錯。」（那是在水門案之前。）

「他跟我解釋，剛收到來自（國務卿）季辛吉的電報。季辛吉強烈建議，在尋求越南和平的同時，應該加強轟炸北越。在他看來，如果想讓北越在和談桌上把我們當一回事，這麼做不只合理，更屬必要。」

可是季辛吉還對尼克森提了別的建議。他說，由總統向美國人民解釋為什麼必須這麼做，十分重要。他也建議尼克森讓民眾公開討論及辯論此事。

「尼克森說：『查克，我對這件事一點把握也沒有。我得聽聽你的意見。我相信你的判斷。我們應不應該繼續轟炸，並且回過頭來向大眾解釋我們的政策？』」

查克說：「那是個很難回答的問題。季辛吉才智出眾，對總統的影響力又極大。可是權衡得失後，我覺得他這次的主張錯了。」

「這個問題之所以難答，也因為民眾已經一再抗議越戰不夠透明。尼克森必須設法平衡，既要展開公眾辯論和爭取支持，又須盡一切努力促成訂立和約。

「我們談了好一會兒。這個問題有如地雷區。不過我最終還是對總統說出我的想法：我們應該繼續轟炸，但不必試圖解釋。我擔心那會導致全國更尖銳的辯論和抗議示威活動。大家對越南和越戰都很反感。最重要的是，一設法解釋，就會動搖我們在和談中成功的機會。

「那是我被問過最難應答的問題。相關議題複雜又叫人頭痛。況且要反對國務卿的意見，可不是信口說說就好。

「對了，我們後來還是繼續轟炸，那的確加速了和談。」

讀者是否想知道更多水門案的細節，想認識涉案的總統法律顧問約翰．丁恩（John Dean）、總統助理艾里契曼（Ehrlichman）、白宮幕僚長哈德曼（Haldeman）、司法部長約翰．米契爾（John Mitchell）及所有那幫人？哦……那是另一個故事，改天再談吧。

我們往往在面對強大壓力，在被逼到極限時，學到最多。請用這個問題挖出他人經驗中最深沉的部分：「你被問過最難回答的問題是什麼？」

活用好問題的練習

「你被問過最難回答的問題是什麼？」
What was the most difficult question you have ever been asked?

埃立．威瑟爾（Elie Wiesel，猶太裔美國作家、諾貝爾獎得主）曾寫道，上帝因為愛說故事，所以創造了地球和人類，而我們每個人的人生就是上帝講的故事。

你被問過最難回答的問題是什麼？這麼一問幾乎必會使交談持續不斷。它最常引起的反應是，被問者會停下來並說：「好吧，這該怎麼回答？讓我想想看。哇！不容易。在我內心深處，什麼才是答案呢？」

使用問題的時機

- 想要探索他人的內心。
- 想要多知道某人的個性和本質。

同樣問題的其他問法

- 「你被問過最有深度的問題是什麼？你問過別人最深入的問題又是什麼？」
  What's the most profound question you have ever been asked? That you have ever asked anyone?

- 「請問，你有沒有被問過真的讓你很為難的問題？」
  Tell me, have you ever been asked a question that really stumped you?

- 「你有沒有被問過讓你尷尬的問題？還是你曾問過讓別人尷尬的問題？」
  Have you ever been asked a question that embarrassed you, or have you ever asked a question that turned out to be embarrassing for the person you're talking with?

接著還可以這樣問

- 「這個問題對你的人生產生了何種影響？」
  What kind of an impact did the question make on your life?

- 「過一段時間後，你覺得當時的回答恰不恰當？」
  Sometime later, did you feel you gave the right answer?

- 「如果今天有人問你同樣的問題，你的答案還會是一樣的嗎？」
  If you were asked the same question today, would your answer be the same?

情境 23

哪一天最快樂？用問題帶出笑容

請準備好。我即將提出本章要討論的有力問題。

你這一生最快樂的日子是哪一天？

是獲得極其重要的升職那一天？是第一個孩子的誕生日？是認識未來伴侶那一天？或是結婚日？

有哪一天是最最特別的？有什麼記憶是甚至多年後想起來，依然會令你微笑的？

花一分鐘想一下這個問題。你這一輩子最快樂的日子，最美好的一刻，是什麼時候？請牢牢記住答案。好好品味。做完後再繼續看下去。我要講一個關於巴布的故事。

你這輩子應該遇到過幾個像他這樣的人，但是不會多。這種人一進到某個空間，就會成為焦點。整場的氣勢都會被他震住。

巴布就是其一，他有這種能耐。

我說的人是羅伯．雷諾茲（Robert Reynolds），現任百能投資公司（Putnam Investments）執行長兼總經理。百能是美國前五大投資公司之一。

當年他接手時，百能經營不善，岌岌可危。連續幾年投資報酬率都很難看，又遭不當交易的民事指控纏身。旁人不解，當時金融界的金童巴布，為什麼願意接受那種挑戰。

結果他使百能起死回生。《華爾街日報》報導，他帶領百能公司走向全新的時代。《華爾街日報》說：「他恢復了公司的商譽和業績表現。」

巴布告訴我：「我剛到百能時，發現大家有志一同，只在乎不要再賠更多錢。我對他們說，如果還想待下去，最好是把賺錢擺在第一位。」

他的辦公室裡擺滿離開投資業巨擘富達公司（Fidelity）時，收到的照片、雕像、紀念品和禮物。等一下我會談到他在那家公司的遭遇。

現在先談這次拜訪巴布的經過。我問了他許多問題。我每次拜訪別人，總要問好多問題。其中有一個通常都會引起強烈的反應（也是最直指內心的）：**你一生當中最感到失望的事是什麼？**

我也問巴布同樣的問題，卻問不出個所以然。

我以為我知道答案。我想一定是那段記憶太過令他難受而無法啟齒。可是最後巴布還是開了口。

「我其實沒有失望的經驗。我真的記不得任何重大的失望事件。我是心態正面積極的人。」

我稍微追問了一下。我自認相當了解巴布，很有把握他會告訴我，這輩子的一大憾事，就是沒有當上美式足球全國聯盟（National Football League）的理事長。事實上他知道，球隊老闆們本來選中的是他。

「當時有好多個考慮人選。複選後剩下八位。再縮小範圍到四位。最後決選時，是我和一個聯盟本身的幹部。

「我接到保羅．泰利布（Paul Taglibue）的電話。他是當時的理事長，即將退休。他對我說：『巴布，我認為應該就是你了。我們應該談一談。』我就去看他，我們談得很融洽。

「可是他們最後並沒有找我。我也不覺得失望。我覺得光是能夠成為候選人，又進入最後的決選，就值得驕傲。」

這次三小時的訪問中，我與巴布談了很多。我們有好一陣子不見了。

我決定問他另一個有力的問題：「巴布，回想一下，你這一生最快樂的日子是哪一天？是最最快樂的。」

「這很好回答，就是（富達投資公司創辦人）奈德．強森（Ned Johnson）告訴我，我將繼他之後出任執行長。我實在興奮得不得了。多年的努力終於開花結果。

「可是後來的發展並非如此。如果你想知道細節，去看《財星》雜誌。說來話長。不過我是高高興興離開的，因為時候到了。」

巴布離開富達時擔任營運長，是公司第二高位的主管。

我們花了很多時間談富達。我跟巴布雖然那麼熟，卻從未與他深談過這方面。**「你這一生最快樂的日子是哪一天？」**

正是這個問題，使我有機會深入見識到，他在富達的許多經歷。在家族企業做第二高職位非常不容易，有時候壓力甚大：尤其當你要管的人有家族成員在裡面。我因而想起一個類似的故事。

有人問過克里斯汀・赫特（Christian Herter），擔任國務卿約翰・福斯特・杜勒斯（John Foster Dulles）的副手感覺如何。「在一人部會坐第二把交椅很困難。」

那次我跟巴布交談的過程中，最可圈可點的回應正來自這個問題：「你這一生最快樂的日子是哪一天？」每當我這麼問時，總能得知種種的內情。

請記得，對張三最美好的日子，不見得是李四最快樂的一天。

亞當斯總統（John Adams）某天曾在日記裡寫道：「我和查爾斯一起去釣魚。今天是我這輩子最慘的日子。」他的兒子查爾斯當年 9 歲，在日記裡卻是這麼寫的：「今天和爸爸去釣魚。今天是我最快樂的一天。」

深入挖掘和了解別人的特殊之處。當你問對方：「你這一生最快樂的日子是哪一天？」你也會讓他的臉上展現笑容。

活用好問題的練習

「你這一生最快樂的日子是哪一天？」
What has been the happiest day of your life?

這個問題可以照亮昏暗的一室，並且鼓舞低落的情緒。被問的人可能答不出來，或只能草草作答。

沒關係！你的問題仍會刺激他的心思開始活絡起來，翻閱著生命中最鮮明的記憶。

使用問題的時機

- 凡是有意進一步認識某人，和他們建立更密切的關係時。
- 為了解形塑某人個性的重要事件

同樣問題的其他問法

- 「你一生中最重大的日子是哪一天？」
  What was the greatest day of your life?
- 「這一生當中，曾帶給你最大快樂的是什麼事情？」
  What event in your life has brought you the greatest joy?

接著還可以這樣問

- 「為什麼這個日子對你如此意義不凡？」
  Why was that so special for you?

- 「還有沒有其他對你也很特別的日子或事件？」
  Are there any other days or events that stand out for you?

情境 24

反問自己，改變待人的方式

「我覺得整個人像是被撕裂。我跟你說，我的心碎了，我這一輩子從來沒感覺這麼慘過。」

說這番話的是約翰・柯克曼（John Kirkman），我們在他的辦公室裡，他快要哭出來了。

約翰是一家小工廠的老闆兼總經理，生意好的時候員工約 80 人，差的時候雇的人就比較少。

「約翰，我從沒看過你這樣子。到底是怎麼回事？」我們每隔四週到六週就會碰面，一起研擬他的業務規劃，還有檢討經營目標和財務表現。

約翰告訴我，他發現財務長把公司的支票存入自己的私人帳戶。他終於查獲財務長盜用公款，可是有一個問題比被偷走 10 萬美元更嚴重。

他告訴我，財務長擔任公司高階職務已有十六年，此外他還是約翰最親近的密友及親信。約翰對我說：「我連生命都可能託付給他。」

約翰說，當他當面與巴伯（非真名）對質時，開始問他一些問題。

「巴伯，說說看那筆不見的錢。」巴伯激昂慷慨地講了一大堆，卻說服不了人。他要讓約翰覺得他完全是無辜的，可是約翰不買帳。

（墨西哥有句俗話：「手裡還拿著麵團。」意即「當場被抓到」，巴布的情形確實是被逮個正著。）

巴伯說：「我向你保證，我一毛錢都沒拿過。我不可能對公司做這種事，我也絕不可能對你這麼親近的朋友，做出偷錢的事。」

巴伯提及自己的家庭，又講起他在公司年資那麼久，不停地辯解。想從他口中得到答案，就像在公用電話亭大跳芭蕾「那般容易。」

「他的肢體語言洩露了一切，雙眼像牡蠣般呆滯無神，雙手緊握拳頭，兩腿一下交叉，一下打開。」

約翰說：「他一概不承認，聲稱完全不知道錢不見了的事。」

「幸好我總算意識到，我一直在問各種模稜兩可的開放式問題，得到的便是模稜兩可的答案。我現在需要的是直接的答覆：有還是沒有。」

（**有時封閉式問題的價值在於，可能帶來有如中獎般的大發現。只要問的方式恰當，時機抓得準確，封閉式問題可以是有力的殺手鐧**。此刻你要的是直接的答案，不容許顧左右而言他，不容許找藉口，不容許支吾其詞，不容許囉囉嗦嗦。）

約翰繼續講他的故事：「巴伯，我只要一個答案，有還是沒有，不要胡說八道。」（約翰用了比較重的字眼）。「你究竟有沒有拿那筆錢？有還是沒有？」

約翰說：「我停下來。等候答覆。」（那一刻靜默如排山倒海而來。我在想，有時候沉默往往是最好的回答。）

「幾分鐘過去，我耐心地等，一個字也不多說。巴布最後終於崩潰，坦白承認。

「我沒有把握，如果一直謹慎小心，問得不清不楚，究竟能不能得到誠實的答案。」

「我一時嚇住了，這種竊盜行為完全出乎我的意料，太離譜了。那麼多年的交情和對他的信任，如今卻做出這種事。」

約翰問我：「我現在苦惱的是，他招認了，可是我真不知道該怎麼辦。我應該向有關單位舉發他嗎？限他二十四小時內離職？當場立刻把他開除，要他交出辦公室和辦公桌的鑰匙，然後把他送出公司門外？

「我也在考慮巴伯的個人狀況。他有一個孩子還在唸大學。太太沒有上班。這次的事一定會毀掉他。我覺得過意不去。」

讀者們，等一下！在繼續看下去之前，先試想你會採取什麼行動。別忘了巴伯是約翰的密友，也是一流的財務長。各位的直覺反應可能是打電話報警，並且把巴伯趕得愈遠愈好。這是自然反應，畢竟是你十分信任的人犯下了重罪。

下面將告訴各位後續發展，也會告訴各位，我問了約翰什麼問題。

「約翰，假如情況相反，你希望巴伯如何對待你？」

這是促使人動動腦的問法，因為它強迫你忘卻所有的憤怒，把失望擺在一邊，設想自己換成對方的立場。它的威力在於逼得你不得不思考，你自己希望得到何種待遇。

再回到我的問題：「約翰，**假設主客易位，你希望別人怎樣對待你？**」

「噢。我沒有那樣想過。我一時之間不知道該怎麼說，那時我氣到不行，滿腦子只想到自己的失望難過。我想我會請求原諒，請求再給我一次機會。我會保證絕對、絕對不再重蹈覆轍，還會承諾盡一切努力處理好善後。」

於是我說：「約翰，或許這正是你應該考慮的解決方法。你可能久久無法釋懷，可是我真心建議你，把這種處理方式也納入考量。你自己不是也說，希望別人能這樣待你？」

三週後我打給約翰，我問：「你跟巴伯怎麼樣了？」

「我原諒他了，我再給他一次機會。那一刻實在是太激動，我們兩個都哭了。

「我斬釘截鐵地告訴他，要償還那筆錢，我給他一百二十天的時間。我向他保證，會對公司上下及他太太守口如瓶，連對我太太也不會說。我告訴他，這麼處理是基於我倆深厚的情誼。我覺得這麼做才對，但願如此。」

此事發生在多年前。約翰說，事後巴伯比以前更賣命：每天工作十小時到十二小時。他對公司更加全力以赴，從此再也不曾欺瞞作假。

如今巴伯在約翰的公司工作即將屆滿二十五週年，依舊是約翰最親近的朋友之一，而且忠心不二。在公司裡，他是約翰最關愛和信賴的親信。

有時候，該怎麼解決你與旁人的糾紛，適切的答案會在你調換立場思考時自動出現。

這個問題使人無從逃避：「如果情況倒過來，你希望別人怎麼對待你？」

當有人碰到難題請你提供意見時，請用這個問題來打探各種可能的做法：「假設情況倒過來，你希望別人怎麼對待你？」

活用好問題的練習

「假設情況倒過來，你希望別人怎麼對待你？」
If the circumstances were turned around, how would you like to be treated?

這句話人人都愛説：「己所不欲，勿施於人。」聽起來好窩心好感動。道理大家都懂，可是理智上認同雖容易，實踐起來卻不然。身體力行相當困難。

世界上有許多主要宗教，都勸人要寬恕對己作惡的人。《新約聖經》〈馬太福音〉裡，彼得問耶穌：「我應該原諒對我作惡的弟兄姊妹幾次？要七次嗎？」耶穌答：「我説不是七次，而是七十七次。」當然原諒和再給一次機會，不見得要並存：你也許可以原諒，但不一定能再給機會。無論如何，提出這個問題，可促使對方思考所有可能的解決辦法。

使用問題的時機

- 當別人請你對涉及第三者的困境，或是複雜難題提供意見時。

同樣問題的其他問法

- 當有人做錯事或傷害到你時，你可以用另一種方式把角色對調。問對方：「如果換成是你，你會怎麼做？」這也許會使他更情願接受你的決定。

If you were me, what would you do?

接著還可以這樣問

- 「你為什麼覺得那樣做是對的？」
  Why do you feel that would be right?

情境 25

今天是什麼好日子？啟動美好交流

有一天好友羅比．韋恩柏格（Robie Wayneberg）請我吃晚飯。那是非常特別的一餐。

他邀我與他的家人一起共進逾越節（Passover）家宴。那是為慶祝猶太人脫離埃及而舉行的豐盛饗宴。逾越節是最多猶太人慶祝、也是最為人知的猶太節日。

這個節日與信仰耶穌的宗教，有很親近的、信仰上的關係。一般相信，耶穌和他的門徒最後相聚時，是共用了逾越節晚餐。那也就是我們現在所說的「最後的晚餐」。

羅比的家人圍坐在餐桌前，他們給我戴上圓頂小帽，於是我成為家中的一分子。

那是令人深為感動的一晚。晚餐正式開始。每人三塊未發酵的逾越節麵包、苦菜、蛋、鹽水、烤羔羊肉和葡萄酒。

然後是一個我所聽過的最能觸動心靈的問題。各位暫且假裝是我，搶個前排座位來觀看這一幕。想想那天晚上，那一家人，那一餐盛宴，出埃及記的故事。再來便是那個問題。

「為什麼今晚和所有其他夜晚不同？」

這個問題有些地方跟我常年在問的問題很相近。我每晚送孩子上床睡覺時，都會問他們：「**有什麼事使今天比其他的日**

子更特別？今天在你身上發生了什麼很棒的事？」

這麼問可以淡化白天可能發生的不愉快。像是挨了罵、遊戲時跌倒、練習好難的九九乘法、沒有被選上班隊、被抓到在偷吃口香糖。所有這些都會因此被淡忘。

孩子會想起的反而是特別的時刻。被老師點到時，答對了問題。老師多給了十分鐘的下課時間。放學後跟最要好的同學一起玩。

這個問題實在太好用了。「是什麼使得今天比其他日子更特別？」當年還小的子女現在已經長大成家，他們也以同樣的問題來問自己的孩子。

我現在與個人或團體交談時，仍舊經常會這麼問。有時我會聽到升職或是爭取到新顧客。也常有人提到的事情雖小卻給人很大的喜悅。那也許是兒童的笑臉、燦爛的日落、或是與配偶的親密交談。

這個問題是有魔力的。它無異於天上的星星，你研究得愈久，或是發現了新星，就會愈覺得它漂亮。

它會讓人暫時停下腳步。就如名詩人羅伯．佛洛斯特（Robert Frost）所寫，它是「發現的起點」。車輪因此開始轉動。然後歡樂和笑容來到眼前。

你不妨試試看，在吃晚餐時問問家人。如果你很幸運，家裡還有小小孩，在哄他們睡覺時就問一問。也問問朋友。在靈魂不帶矯飾時，欣喜、歡樂的時刻就會閃現光芒。

如果能夠延伸思路並讓人非回應不可的問題，就是有威力的問題的話，那這一問確實是力大無比。有如神秘的魔法。

名詩人迪倫·湯瑪斯（Dylan Thomas）曾寫到被生命感動，被火焰烙印。說得真好！就是這個意思。「是什麼使得今天比其他的日子更特別？」

請他人與你分享他最珍貴的時刻。用這個問題幫助他回味難得的時光：「是什麼使得今天比其他的日子更特別？」

活用好問題的練習

「是什麼使得今天比其他的日子更特別？」
What made this day more special than any other?

不論在晚餐桌上，在以雞尾酒款待朋友時，或是晚上就寢前問家人，這都是一個很特別的問題。而答案幾乎都是正面的。人們會儘量去想發生在他身上的好事。這種反應有一個特點，就是當喜樂之情破表時，不免會感染周遭的人。

壞消息雖不常見，但萬一這一天發生了，就只要記得：沒有烏雲，沒有風雨，哪來彩虹。明天會更好。總之不管發生的是好事壞事，這個問題所引起的交談，會透露更多東西。

使用問題的時機

- 在一天結束時，跟任何人交談應該都可以問！
- 當別人旅行、探險或郊遊歸來。

同樣問題的其他問法

- 「說說看你今天過得怎麼樣吧？」
  Would you tell me about your day?
- 「今天發生了什麼事讓你那麼開心？有沒有讓你皺眉頭的事？」
  What happened today that made you smile? Did anything make you frown?

接著還可以這樣問

- 「為什麼那件事對你來說那麼特別？」
  Why was that particularly special for you?

情境 26

挖掘內心的渴望，問想追求的夢想

「當時我碰到難題。」羅傑向我解釋：「我真不知道該怎麼辦。」

我問他：「難題？怎麼會？」我很詫異。「我從來沒看過，你對於要見某人感到畏懼。我無法想像你會詞窮。」

我很想知道是怎麼回事。羅傑在我認識的顧問當中，屬於最有自信、最精明能幹的那一種。他可不是泛泛之輩。

他以貝克優等生（Baker Scholar，全班成績前 5％的學生）自哈佛商學院畢業。在全球最著名的其中一家顧問公司工作了十五年。之後進入某《財星》百大企業，出任一大事業部的執行長。在企業界歷練五年，精進領導技巧後，他又回到原本的顧問公司，目前是資深合夥人。

羅傑既擅於人際關係的技巧，又具備嚴謹的分析能力，十分難得。他與客戶一起工作時，不會出現像某些顧問那種自視甚高的自信：「我偶爾會出錯，但信心百分之百。」他表現的是「我懂得你們的處境」那種了然及同理心，這只有累積三十年經驗的人才辦得到。

於是我說：「把來龍去脈講一講。到底怎麼回事？」羅傑靠向椅背，又喝了一口咖啡。我在椅子上，身體前傾，手上拿著筆和記事本。

「有一家公司請我們做一個擬定重要策略的專案。那是很受矚目的案子。我們已經進行了三個月，不久後我就要去見他們的執行長。

「我以前見過他幾次，不過都是短暫的晤談。這一次是一對一，而且時間充裕。」

「這樣很好啊。繼續講！」

「你得明白對方是個什麼樣的人。他不怒而威，身高 203 公分，目光炯炯，眼睛如知更鳥蛋那般的藍。他的記性有如百科全書。他過目不忘，過耳也不忘。我從來沒見過對公司營運掌握得如此透澈的高階主管。」

（我心想，幸好傷腦筋的是羅傑不是我。這就好比美國南北戰爭名將李將軍〔Robert E. Lee〕，與二次大戰英國名將蒙哥馬利〔Bernard Montgomery〕面對面討論戰略。）

「他是在孤兒院長大的。天生聰穎過人，又異常勤奮。他大學唸的是常春藤盟校，以最優異的成績畢業。他從一家工廠的最低職位做起，一路往上爬，最後做到董事長兼執行長。如今，再過幾年他就要退休了。

「難就難在……我拚命苦思，想要找出讓這位執行長覺得，非聘請我們不可的絕招。可以說什麼睿智的話，或提供什麼有洞見的資訊，才好證明我是值得這家公司聘請的顧問？

「左思右想了好幾天，我發現我們的策略分析裡，並沒有什麼可以跟他強調的驚人或原創的見解。我們的研究分析做得很棒，也得出好多有趣的發現。可是我覺得，談這些無法凸顯我們公司。

「我認為，必須問一個連他也叫好的問題。然而我能問他什麼呢？不能讓他覺得是別有用心，或者至少也不能是他已經聽過十個人問的問題。」

「那你想出了什麼？」

「有時候，**簡單直接就是最好的問題，也有助於拉近彼此的距離**。於是我報告完那個專案，閒話家常也講得差不多了，我先做個深呼吸，然後對那位執行長說：

『威廉，我想請教你一個問題。』

『你儘管問。』他答。

『你的成就如此輝煌。你從基層做起，從工廠的第一線，到現在成績斐然，我想你已經數不清自己得過多少實至名歸的獎項和讚譽。』

「執行長微笑。我想我是正中下懷。他給我令人稱羨的肯定，嘉許的點點頭。

「**『展望未來，你還有沒有別的想達成的願望？有沒有尚待實現的夢想？』**

「他停下來，直視著我。眼神穿透我。他有幾秒鐘陷入沉思。然後慢慢開口：『羅傑，這麼多年來，我與公司董事合作無間。我也跟很多投資銀行家及管理顧問共事過，自己又參與幾個大型基金會。我和各行各業優秀的成功人士打過交道。可是從來沒有人問過我這個問題。沒有一個人這麼問過我。一個都沒有。』

「房間裡一切靜止。『是的，我是有一個心願⋯⋯。』他開始娓娓道來。

「我倆會面的時間，原定中午十二點整結束，結果卻延長了半小時：那在一般執行長緊湊的行程中，相當於永恆。更重要的是，我倆的關係是在我問了那個問題後才開始建立，而且直到今天依然緊密。」

我迫不及待想要聽聽，羅傑的客戶說了什麼。可是要等一等。

羅傑繼續說：「他從執行長的位子退下來以後，真正想做的事情也很有意思。不過這不是現在要講的重點。講這段經過是為了凸顯我所問的問題：在適當的時機問：『你還有沒有別的想達成的願望？』藉著這個問題可以連結到對方的夢想。」

對客戶、同事或朋友的成就應當讚美，但不要就此打住。你還要挖掘他們內心最深處最渴望的東西。請這樣問：「你還有沒有別的想達成的願望？有沒有尚待實現的夢想？」

活用好問題的練習

「你還有沒有別的想達成的願望？」
Is there something else you'd like to accomplish?

不論已經做到什麼職位，或是已經到達人生的什麼階段，人人幾乎都有還未實現的希望或夢想。不過很少有人會被問到這方面的問題。

談論計畫、報告和建議，對任何人都不難。可是想要深入，想要製造推心置腹的一刻，就得靠這個問題。

使用問題的時機

- 當你與對方見過幾次面後，想要加深彼此的關係。
- 在某人事業的任何階段。
- 對幾年後即將退位的領袖人物。

同樣問題的其他問法

- 「你有沒有尚未實現的夢想？」
  Is there a dream you've yet to fulfill?
- 「你對於自己今後要做什麼，有沒有什麼想法？」
  Do you have something in mind for your next act?
- 「完成這個以後，有沒有什麼特定的挑戰讓你躍躍欲試？」
  After this, is there a particular challenge that excites you?

●「你對本身的事業有什麼最重要的抱負？」
What are your most important aspirations for your career?

接著還可以這樣問

●「實現那個願望的時機是什麼時候？」
What will the timing of that be?

●「你認為那會使你以不同的方式有所發揮嗎？」
Do you think that will stretch you in a different way?

●「如果你確實要朝那個方向發展，你要採取的下一步是什麼？」
If you do go in that direction, what's the next step you'll take?

PART 3

開啟人生對話

情境 27

跳出思考窠臼，學蘇格拉底問問題

現在假設一種情況——你的自由被剝奪，再也享受不到溫煦的陽光，也不住在舒適的房屋裡。

你現在置身在黑暗的洞穴中，洞內無比潮溼陰冷，氣溫從未超過 13℃。

想像一下這種狀況，只要一下子就好，進入柯立芝（Samuel Taylor Coleridge，英國詩人、批評家、哲學家）所謂的「自願暫停不相信」（that willing suspension of disbelief）：你一輩子都被鎖鏈鎖在洞穴之中，面朝洞內的牆壁。你身後有篝火，火光映照在牆上，鎖鏈使你動彈不得，無法轉身看到光源，只能看著面前那道牆。

從身後篝火前路過的人與物，在牆上投射出光影。你每天看著那些影子上下左右舞動，為那些影子賦予意義、解讀影子的動作，猜測是誰投下那些光影。對於你所處的陰暗角落之外的世界，你能夠看到最接近現實的，就是這些光影。

你根據所看到的幻影，會對人生得出什麼樣的結論？你只看得見現實投射在牆上的光影，看不到實際的東西。你是否明白自己的觀點有多麼偏狹？是否明白因為被鎖在牆上，所以對世上發生的種種事情，知道得多麼有限？

這是一個令人毛骨悚然的怪異景象，還是一個貼切的寫照，反映出我們對周遭世界的實際了解是多麼有限？

古希臘哲學家蘇格拉底稱此為「洞穴之喻」（Allegory of the Cave）。這個典故是出自於柏拉圖所撰寫的《對話錄》（*Dialogues*），書中記述了柏拉圖與老師蘇格拉底的一系列對談。蘇格拉底說，哲學家彷彿自洞穴中獲釋的囚犯，終於可以看清現實的真面目。

就某方面來說，好問題正是協助我們看見周遭真相的工具，而非只見到不真實的幻影。當另一伴跟你描述某個孩子的某件事，說法是客觀的嗎？當同事提出投資的建議，但那涉及你沒有深入了解的領域，這樣的評估會有多正確？

在以上兩種情況中，你都只看到影子：你所聽聞的是經過過濾的偏見，是別人對已發生或將發生的事情，所持的觀點。

我們基本上就跟蘇格拉底在寓言中說的，被鎖在洞穴牆壁上的囚犯，沒什麼兩樣，我們體驗的人生都是經過過濾的。

蘇格拉底活在古希臘，他是問問題的大師。他的教學方式不是講述，而是向學生提出一連串刺激思考的問題。他透過發問，讓學生的大腦進入學習過程。他揭開學生習以為常的假設，緩步但切實地直指課題核心。

蘇格拉底講課，會以這樣的發問開場：「美德是什麼？」「好是什麼？」這類字眼我們成天掛在嘴上，但是否真正懂得涵義？今天全世界有許多大學採用「蘇格拉底式」教學，哈佛商學院就是其中一個著名的例子。

蘇格拉底用一句話把這種教學法說得一清二楚：「人類最高形式的優異之處，即質疑自己和他人。」

蘇格拉底直言無諱地批評雅典社會和政府，最後當政者認定他在攻擊統治階級，判他死刑。他毫不猶豫喝下一杯毒藥，毒素逐漸到達心臟，他從此離開人世，卻留下史上最偉大哲學家之一的不朽美名。

蘇格拉底有一句名言常被引用，他自己也身體力行這句話：「未經檢視考驗的人生，是不值得活的人生。」

我們可以把蘇格拉底提問法，應用於日常工作及個人生活上，成效會十分顯著。該怎麼更熟練運用蘇格拉底的技巧？首先，**應以發問開啟話題，不要用陳述、斷言或命令做開場白**。

請看下面的例子：

與其說：「我們的客服必須改進！」
不如說：「各位認為我們目前的客服水準如何？」或是「我們的服務對留住顧客有沒有什麼影響？」

與其說：「今年暑假如果你不去打工，我們不會給你零用錢。」
不如說：「今年暑假你打算做些什麼，有沒有什麼想法？」或是「我很想知道，你找打工找得怎麼樣了？打算做什麼樣的工作？」

與其說：「我受夠了你愛發脾氣的毛病。」

不如說：「你每次發脾氣的時候，想想看這對於和親人的關係，會有什麼影響？」

再來就是，**針對一般人認為理所當然的事，問一些根本的問題，也就是可能出人意表的問題。**

比如有同事說：「我們需要加強創新。」你可以問：「能不能說說看，你認為什麼才是創新？」當有人呼籲加強團隊合作，可以問：「在你心目中『團隊合作』代表什麼意義？」

當朋友告訴你，他希望工作和生活能夠更平衡。你可以問他：「你覺得什麼狀況下，算是工作與生活達到了平衡？」當有人說：「我不信任某某某。」你可以這麼回應：「為什麼？像目前這種情況，怎麼樣才能讓你信任？」

提出類似這樣的問題，能讓談話變得有深度、有效果，使對方認真以對，並刺激他動動腦。你可以建立起聰明牧羊人的名聲，也就是循循善誘他人，向正確的方向行走，而非把自己的意見強加在他人身上。

請多運用蘇格拉底式的提問法，走出自己的洞穴！質疑基本假設，質疑大家習以為常的字詞定義。善用發問帶領周遭的人，展開興趣盎然的學習與發現之旅。

活用好問題的練習

如果你像蘇格拉底一樣愛發問，你對每次的交談，多半都會採取不同的應對方式。以下的對比有助於你了解這種習慣：

切莫：	**務必：**
只顧自己高談闊論	提出會讓人多想一想的問題
自以為是	虛心求教
限制知識的流通	幫忙挖掘他人的經驗
自認了解別人的意思	詢問對方用字的涵義
自認我才解決得了問題	廣徵各方提供解決之道
表現自己有多聰明	讓別人明白他有多聰明
鑽牛角尖	整合多方資訊並宏觀全局

「請記得，人世間沒有一成不變的事物；因此順境時避免過度興奮，逆境時避免過度沮喪。」——蘇格拉底（西元前 469 年～ 399 年）

情境 28

問喜歡和不喜歡，思考生活排序

我與客戶克萊兒一起午餐。她主持某上市公司的一個事業部。我們到得很早，餐廳裡沒有幾個客人。

克萊兒和我每年見兩、三次面，通常是向她說明，我替她的部門所做的顧問工作。我們一開始會閒聊一下。然後轉而討論我正協助她的事業部規劃哪些新專案。

等我們快吃完主菜時，行銷的主題已經談得差不多了。每次的進度幾乎都是如此。話說回來，有誰希望整頓飯都在談公事？

此刻餐廳門口已經有食客在排隊，餐廳裡幾乎客滿。

消費者運動大將瑞夫・奈德（Ralph Nader）曾說過：「在餐桌上談公事沒什麼好處。我主張卡路里和公司應該分開。」我卻有不同看法。餐桌上很適合建立關係。有研究顯示，一起吃飯會增加好感度。吃飯可以帶有重要的工作目的。

侍者清理桌面時，談話暫停。我看著克萊兒，決定轉換話題。我問她：「最近好嗎？」

「好，很好。」又是沉默。「忙得不可開交。」

「不可開交？」（有時光是重複對方最後說的幾個字，即足以讓更多東西顯露出來。）

「我有很多對外的職責要履行，就是拜訪重要顧客，跟供應商開會等等。另外還有各種日常的內部管理工作。一不小心，我每星期的工時就可能從七十小時變成一百小時。」她長嘆一口氣。

我很想打聽她的工作細節，幫她分析每一個工作項目的效能。我愛替人解決問題的老毛病犯了。

還好我只是深呼吸，停頓一下。

「克萊兒，我有點好奇……你做這個事業部的執行長，到現在已經一年多了。你不如想想工作內容，有哪些是你希望能夠多花些時間，有哪些是你寧願少做一點的？」

她思考了一分鐘。我可以想見她的大腦突然正快速轉動起來。

「嗯……這是個有趣的問題。」又是停頓。

「首先，我但願有更多時間，可以教導和輔導我領導的團隊裡的那些高階主管。我很喜歡也很擅長做這件事。我知道他們有很大的潛力。其次，我們有一個很具雄心的策略，就是為新興市場開發低價產品。可是我們想開拓的那些國家，有很多我連去都沒去過。」

一小時後，我們還坐在午餐的餐桌上。帶位櫃台前的隊伍不見蹤影。桌位大多又空出來。

我不知道居然可以對克萊兒最重視的要務，了解到這麼多。我現在知道她的挫折感因何而起。我明白她希望今後把時間放在哪些重點上。

幾個月後，克萊兒徹底重整了她的辦公室，並設置一個新職位來輔佐她。等我再次見到她時，感覺她對自己的角色重新燃起熱忱，那是自從她升任執行長以來，我不曾看過的。

我原本想要一一剖析克萊兒的工作項目，提供一些局部改進的建議。那必須分析。那是把整體拆開，分別評價每一個組成要素。例如「主持開會的方式要改進！」或是「授權給屬下要更講究方法！」這麼做雖然有其價值，但十分有限。

克萊兒真正需要的是，以全新的角度去看待自己的角色及優先要務。那必須綜合。那是先看全局，也要考慮個人的長處及偏好。基於這個目的，我需要問一個能夠促使她靜下來，好好思考職務全貌的問題。

想要讓人好好思考他的工作（或人生），就問他：「在工作上，你希望哪些地方能夠多花些時間，哪些寧願少做一點？」

活用好問題的練習

「在工作上，你希望哪些地方能夠多花些時間，哪些寧願少做一點？」

What parts of your job do you wish you could spend more time on, and what things do you wish you could do less of?

有許多因素影響著我們對時間的運用：突發的意外事件、他人的要求、以及人都有撿容易的事先做的傾向。若能跳脫出來，我們往往得以見樹也見林。

無論是經營公司，或是主持家務，問這個問題很能夠促使別人暢談自己的工作。你會引導對方走向一條反思之路，進而可能帶來愉快而關鍵的變化。

使用問題的時機

- 欲請某人談自己的職位及在組織中的角色。
- 特別是在工作滿一年、三年等等時。
- 了解朋友、同事或家人的生活情況，協助他們懂得怎樣把握重點，重新分配時間。

同樣問題的其他問法

- 「在工作上，你覺得哪些部分做起來最快樂？哪些地方最不喜歡？」
Which are the most enjoyable parts of your job, and which parts do you find least enjoyable?

- 「如果你每星期可以額外多出幾個小時，你會用來做什麼？」
  If you had an extra couple of hours in each week, how would you spend them?

- 「你希望能夠把更多時間用在什麼事情上？」
  What do you wish you could devote more time to?

接著還可以這樣問

- 「要做那個改變，會碰到什麼障礙？」
  What's getting in the way of making that change?

- 「我知道你提到的這些事，其中有些很難少花一點時間或完全不做……可是有沒有什麼方法可以辦到？」
  I know it's difficult to drop or spend less time on some of those things you mentioned … but what might possibly enable you to do that?

情境 29

預寫訃文，探詢想要的人生

一切都是從那個黑色包開始的：我父親的黑色醫師包。

現在的醫師很少用那種包，但 1950 年代卻十分流行。它是大大的長方形，有著圓弧的折角，以黑色卵石狀粗紋皮革製成。裡面裝著各種神秘的小袋子和小玻璃瓶，甚至有針筒。那滿滿的各式各樣的醫療用品，可供父親隨意取用為人治病。那個黑色包太誘惑人，是那麼威猛，彷彿具有魔力。因此六歲時我就決定，長大後也要當醫生。

我們家族大多從事醫護業。祖父也是醫生，是泌尿科名醫。我母親二次大戰時是護士。我唸高三時，大哥便進了醫學院就讀。

進大學後我唸的是醫科預科。所以必須修微積分、生物學、和一大堆其他的數理課程。可是我一直唸得很辛苦。想進醫學院，當年跟現在一樣，都是十分困難的挑戰。大學四年全得泡在圖書館裡。每一科一定要拿高分。（得好成績倒不難，問題在於必須不斷拿高分的是數理科目！）

我對於申請醫學院的先修科目不感興趣。我覺得那些科目都枯燥無味，抓不住我的心。反而我對於選修的文史和語文科目如魚得水。

然而我咬緊牙關，繼續讀下去：數理課程只是我為達成目標必須越過的障礙。誰叫我從小就想當醫生。家中的每個人不是已經、就是即將走入這一行。在我讀大一時，二哥向大家宣布，他也打算申請醫學院。

壓力愈來愈大。管它什麼水深火熱，我有一天也要有一個黑色粗紋皮的醫生包！

大二時我看到校刊上的一則廣告：「就業輔導課程：如何寫好履歷表。」

我心想，何妨去上上看？說不定可以幫我找到好的暑期打工。在個人紀錄上有漂亮的暑期工讀資歷，可以加強申請醫學院的條件。

我當時並不曉得，但是我確實正走向一個轉捩點。我是指人生道路上真正的大岔路：一輩子只會出現幾次的那種。像是選擇對象，選擇事業前途，討論要不要接受升遷，然後搬到世界的另一端去。

羅伯．佛洛斯特（Robert Frost）在〈未走之路〉（*The Road Not Taken*）這首詩裡，很細膩的描繪出，面對如此的轉折點是什麼心情。那是我很喜愛的一首詩。詩人敘述在黃色森林中漫步時，來到一個岔路口。他說那兩條路上堆著數量差不多的落葉，只是其中一條好像走的人比較少。他面對一個難題：應該選哪一邊？哪一條路才是正確的選擇？

福斯特以這幾句為此詩做結：

有兩條路在森林裡形成分岔，而我——

　我選擇了較少有人走的那條路，

　一切都因此而不同。

這首詩講的是，**要做出改變人生的決定多麼不容易。每個決定的利弊得失是如此接近。我們又如何在做出決定後，想要相信自己的抉擇是正確的。**

逢到這類轉捩點，我們必須做出決定，然後無怨無悔！

• • •

於是我報名參加就業輔導課。我們以兩天時間學寫履歷表，學習如何最能凸顯個人過去的學經歷，還研討面試技巧及怎樣建立人脈。

到第二天的下午，老師出了最後一個作業。老師說：「這是最後一個練習。」

「拿一張紙。給你們一小時的時間，寫下自己的訃文。寫一篇有關自己生平的文章，是死後要登在報紙上的。你希望訃文的內容是什麼？訃文裡描述的是怎樣的一生？好，我們現在開始。」

有些同學倒抽一口氣。寫自己的訃文？才二十歲的人根本想不到死亡。死神是拒絕往來戶。幹嘛做這種可怕的練習？

我開始下筆。我記述當醫生的輝煌成就。我在自己寫的訃文裡是一位名醫，並擔任一家著名醫學院的教授（與父親一模一樣）。我開的診所規模不小（也與父親相同）。不止於此。

我幻想父母多麼以我為榮。我的收入穩定。各方佳評如潮。

可是二十分鐘後，一個句子寫到一半，我突然停下來。我感覺有點恐慌，心跳得厲害。

我在寫什麼？我放下筆。整個人呆住。

我真正想做的是旅行。定居國外。自己創業。

想到未來幾年的醫科訓練，忽然覺得難以承受。有四年時間，我得修自己興趣平平的課程。在四年裡，要活在不知進不進得了醫學院的持續焦慮中。還有唸醫學院四年。唸完做實習醫生三年到五年。之後可能還要回學校進修。

我實在不想唸有機化學。我突然醒悟，我是在為父親、為祖父而唸，並非為我自己。

不，我想唸外文，想研究經典小說。我內在有個聲音在吶喊：「你真的確定自己想當醫生？你是為了他們才這麼做，不是為自己！你很想到處旅行！該怎麼辦？」

一股強烈的決心湧上心頭。

我劃掉第一頁，放棄成為令人尊敬的名醫的訃文。我想了想，然後重新下筆。這一次是不一樣的故事。不一樣的未來。

在新的訃文裡，我從事國際商務。我精通四種外語。我在歐洲經營公司。我甚至寫了兩本商管書籍。我周遊世界各地。在商學院教若干課程。我規劃出截然不同的事業方向。我也寫到結婚和生了三個子女。交到許多有趣的朋友。

我才二十歲，就寫自己的訃文。其實我寫的是人生的計畫。一個令我滿懷憧憬的計畫。那是我的而非家父的計畫。

多年後，那篇訃文已經找不到了。可是我始終沒忘記裡面寫了什麼。

課程結束的隔天是星期天。我走到宿舍走廊底。把一枚硬幣投入公用電話。我照例打對方付費的長途電話：我每週一定打給父母。

「爸，我決定不讀醫學院了。」

我等待反對的回應，教訓的語氣，想讓我打消念頭的游說。可是這些都未發生。

「隨便你讀不讀醫。不管你選擇做哪一行，只要是你喜歡的，我都為你感到高興。」

（我心裡想著：他真是那樣回答嗎？不，不可能的！）

「真的嗎？」

「真的。家裡沒有一個人覺得你一定要當醫生。」

我好驚訝。目瞪口呆。電話聽筒從我手上滑落。我慢慢舒了一口氣，笑得合不攏嘴。我想抱住父親。

各位或許好奇：「後來怎麼樣了？情況如何？」我可以告訴大家：後來一切都很順利。幾乎都照著我在二十歲時自己寫的訃文發展。

當你有意協助別人反思，他這一生究竟想要做什麼，又想要別人怎樣紀念他，請用這個問題：「如果你今天必須寫自己的訃文，你希望怎樣述說你這個人和你的一生？」

活用好問題的練習

「如果你今天必須寫自己的訃文，你希望怎樣述說你這個人和你的一生？」
If you had to write your obituary today, what would you like it to say about you and your life?

訃文通常是為留在世上的人所寫，幫助死者家屬和親友紀念他的一生。

訃文對活著的人或許還有另一層重要的意義。事先預擬訃文有助於規劃人生。它會把你最在乎的事物及你真正喜愛的東西，鮮明的呈現在你眼前。現在就提筆寫下自己的訃文，你做了什麼選擇及可以做哪些選擇，將一清二楚。

使用問題的時機

- 在教導或輔導他人時。
- 在年輕人要做關鍵的事業及人生抉擇時。

同樣問題的其他問法

- 「展望將來，你覺得什麼可以帶給你最大的成就感？讓你感到最大的滿足？」
  Looking ahead in your life, what do you think will give you the greatest sense of achievement? The most personal fulfillment?

- 「有哪些是你在走完一生之前想要完成，卻還沒有去做的心願？」
  What are some things you haven't done but which you would like to do before you die?

接著還可以這樣問

- 「你為什麼會在自己的訃文裡提到這些事情？」
  Why did you put those particular things in your obituary?

- 「要達成那個目標可能遭遇什麼阻礙？」
  What could get in the way of accomplishing that?

情境 30

認識自己，問別人眼中的你

一位金融界高階主管走出華爾街摩天大樓的辦公室，走過市政府，向東來到沃斯街（Worth Street），再走上包厘街（Bowery）。沿路的門廊上，空瓶和垃圾丟得滿地。遊民睡在紙箱裡。在某個紙箱前，他見到一個女遊民：一個際遇坎坷的女子。女遊民手上握著紙杯裝的黑咖啡。她望著男子筆挺的藏青色西裝，心想：他來這裡幹嘛？

男子轉向她，悄悄問道：「可不可以給我一杯？」簡簡單單的一個問句，卻帶出一段不尋常的對話，並改變了一個人的人生。

這是真實事件嗎？最貼切的說法應是：過往事件的再想像。這段邂逅確實發生過，只不過是在很久以前，地點也離紐約市很遠。

兩千年前，一位名叫耶穌的猶太教長，與十二個門徒走過沙漠。他橫越撒馬利亞（Samaria），那是與耶穌同時代的以色列人不敢造次的地區。他坐在一個小鎮外，沙漠裡孤零零的一口井旁，直到一名孤單的婦女出現。

他問：「可以給我一點東西喝嗎？」那其實是叫人吃驚的問話。當時的猶太人是絕對、絕對不會跟撒馬利亞人有任何瓜葛。他們被視為可憎而不潔的。所以婦女嚇了一跳。她答：「你怎麼可以向我要東西喝？猶太人是不會跟撒馬利亞人講話的。」他探問她的來歷，結果發現了不堪的過去。婦人嫁過很多丈夫，一生經歷過很多男人。即使在自己的村子裡，她也是遭排斥的化外之民。

在接下來的對話中，耶穌表示可以協助婦人化解心靈空虛和社會疏離，這段內容千百年來有無數的人在研讀。起於耶穌問的一句：「可以給我一點東西喝嗎？」這次的邂逅讓婦人完全變了一個人。

耶穌是革命家。祂唯一追求的是推翻既有的秩序，拯救人類脫離自身的殘缺不全。在祂的王國裡，權力、金錢和地位的價值，將被謙遜、服務和友愛鄰人所取代。

提問是祂改變別人的一個主要工具。

有時耶穌會透過簡單的問句，去主動接觸一個邊緣人。這種人並不期待一個屬於知識階層的男性會尊重他，更別說和他交談。耶穌卻和妓女、痲瘋病患者、乞丐、罪犯及棄民交談。

祂以「反問」來抵抗當時的宗教威權。對方會故意用問題來誘使祂牽連自己有罪。耶穌便不答覆，而是提出問題來反問對方。那是祂知道對方答不出來的問題。祂問的都是發人深省的反問式問題，能夠讓追隨祂以及祂接觸的人深思。

就在耶穌最後一次進入耶路撒冷之前，祂提出最為睿智而深刻的一個問題。

祂召集門徒齊聚該撒利亞腓立比地區（Caesarea

Phillippi）。祂問眾人：「人們都說誰是似人之子（Son of Man）？」

門徒答：「有人說是施洗者約翰（John the Baptist）。有人說是先知以利亞（Elijah）。更有人說是先知耶利米（Jeremiah）或其他某位先知。」之後是一片震耳欲聾的靜默。耶穌以銳利的眼光，直視每個門徒的眼睛。然後是再直接不過的發問。祂轉向聖彼得（Simon Peter）：

「那你們說我是誰？」耶穌需要知道答案。彼得站起來。周遭變得非常安靜。他看著耶穌。

「你是救世主彌賽亞，永活天主之子。」

之後不到一週，耶穌便遭到指控、審判和釘上十字架。門徒失去了領導者。

為什麼耶穌在短暫的宣教期間，在這關鍵時刻，要問這個問題：「**你們說我是誰？**」為什麼祂不問：「你們現在有沒有自信，可以不必由我帶領？」或是「在我下週離世前，想不想要我多給一些提示？」

我們可以這麼看：祂知道即將死於十字架上，並一再告知追隨者，這是祂的命運。

祂希望祂的革命、祂的天國，能夠在祂脫離物質世界後生根茁壯。可是祂必須知道，門徒們是否真正了解，祂是誰和祂代表什麼。祂要聽到門徒宣誓個人信仰。

假使祂只是一位有智慧的猶太教長，那門徒們可以重拾舊業：捕魚、收租、治病。他們可以忘掉追隨耶穌三年的日子。

可是他們若確實相信耶穌是救世主，就會毫無保留全心全意的宣揚祂的謙遜價值觀、僕人式領導，及透過祂與上帝建立直接的關係。是的，如果他們相信，耶穌知道他們會有堅持下去的力量和勇氣。而他們的信仰，需要耶穌被釘上十字架後死而復活，才得以更為鞏固。後來他們也不負耶穌遺志，儘管大多數門徒因此獻出生命。

你是否擔任組織的領導人？或是專業人士？父母？教師？**不論扮演這其中哪種角色，你都需要知道，周遭的人是否了解你這個人**。你必須知道，他們是否真的欣賞體現你之所以為你的那些信念和價值觀。**他們必須知道你主張什麼，不主張什麼**。

別人是否知道，你究竟是怎樣的一個人？

你周圍的人是否認識你這個人？不妨直接問他們：「在你看來，我是什麼樣的領導人？」（……或什麼樣的同事、朋友、父母？）

活用好問題的練習

「在你看來，我是什麼樣的領導人？」（……或同事、朋友、父母？）

How do you see me as a leader?

我們都理所當然的認為，同事或部屬一定知曉並尊重我們的主張：他們理解我們的價值觀和處事作風。在個人生活上，我們也認為家人朋友很了解我。然而他們知道我們究竟是什麼樣的人嗎？我們如何確認這一點？

問這個問題能夠開啟知無不言、言無不盡的談話。你從中或許可獲得意外的收穫。

使用問題的時機

- 當你想知道別人如何看待你的領導。
- 想要向最接近你的人（家人、親友、同事）探聽，他們是否認識你及你的理念。
- 打動對你的意圖滿懷戒心的人。

同樣問題的其他問法

- 「你認為我支持哪些事？」
  What do you think I stand for?

- 「如果要你總結說明我這個人的原則或價值觀，你會說哪些？」
If you were to summarize the principles or values I exemplify, what would some of them be?

接著還可以這樣問

- 「我做過哪些事情，證明了你的說法？」
What have I done that has really reinforced that?
- 「我在這些方面還有什麼地方可以努力，才能讓溝通更順暢，並做大家的榜樣？」
What else could I do to better communicate and be a role model for these things?
- 「你為什麼會這樣想？」
Why do you think that?

情境 31

問成就感，找出真正在意的事

現在要向各位介紹，我所認識的其中一位最傑出的人士。我會長話短說。

湯瑪士．莫納漢（Thomas S. Monaghan）是達美樂披薩（Domino's Pizza）創辦人，他創業時的店面，比一般臥房的櫥櫃大不了多少，最寬的地方只有 13 呎（約 4 公尺）。

那時是 1960 年。後來他的公司從第一家店，成長到有 6,250 多家分店，雇用十三萬名員工的規模。他在 1998 年把公司賣掉。

達美樂原是湯瑪士與家人擁有全數股份的未上市公司，所以出售的價格多少屬於非公開資訊。但是我可以告訴各位，大約在 10 億美元上下。

他決定賣掉達美樂，是為了可以開展做慈善家的第二事業。有一天他對我說：「我希望在離開人世之前，把錢都捐出去。」（他在這方面已經相當成功。他估計至今已捐出約 7 ～ 8 億美元。）

然而本書要談的，並不是當年美國史上成長最快的連鎖店故事。那留待以後再說。

在此想要跟你多說一點的是，他有別於一般常人的地方。我們在他最喜歡的餐廳吃飯。（不，我們不是吃披薩！）

湯瑪士是……嗯，湯瑪士是有些人所謂的對食物有點挑剔的人。魚的上面不能加醬汁，不吃澱粉，蔬菜不能用奶油或其他油烹煮。醫生說他可以活到一百歲。以我對湯瑪士及其生活習慣的認識，我打賭他一定能活那麼久。

他是在孤兒院長大的。六歲時，影響他最大的是孤兒院的比拉杜（Berardo）修女。她每日一再叮嚀：「湯米，要好好做人，要盡自己的全力。湯米，要好好做人，要盡自己的全力。」而他從那時起，始終遵守不渝。要做好人，也要做好事。

我們有多次機會一同外出，我總是不忘趁機探聽、挖寶。湯瑪士是我的英雄。我問過他許多問題。這裡只舉一個我覺得很有趣的小小例子。

我從沒看過他不穿西裝，他的西裝上衣內裡一定是綠色，也幾乎必打綠色領帶。（那是當然的：莫納漢這個姓代表他是愛爾蘭裔。）我不免推想，他一早起來恐怕就穿著西裝淋浴。有一次我問他，為什麼每次都穿西裝。

各位要知道，你認識的人裡面，大概沒幾個比湯瑪士更一板一眼的。他一切照規矩來，照書上寫的過日子。他的規矩，他的書本。

再回來說西裝。他告訴我，衣著端正，思想才會端正，行為才會端正，也才會做出更好的決定。他說，這是有科學根據的。他為他辦公室的數百位高階主管訂定衣著規範。每天一定要穿西裝（內裡不必是綠色），不可以穿休閒外套，也不可以穿運動衣。女性高階主管一樣有服裝規範。

他經營事業及從事慈善都曾到過顛峰，也曾落入谷底。「湯瑪士，我認識你這麼多年，不論遭遇什麼困難或挑戰，我從沒看過你露出些許緊張有壓力的樣子。你是怎麼辦到的？」

「我唯一知道的壓力，就是當我躺在沙發上，卻想起院子裡的草一直在長，需要割一割。我覺得我平衡的心態，應歸功於禱告和運動。」

各位想多知道一些關於他的軼事嗎？我想我得寫一本書！

不過先讓我講一下，我這次和他一起用餐所問的問題。他的答案是我萬萬沒想到的。完全在意料之外。我實在覺得很訝異。

我問湯瑪士一個我常常問別人的問題：**你這一生最大的成就是什麼？這是一個無往不利的問題，每次總能打開對方的心房，暴露他內在的心靈。記憶的牢籠也會因此開啟。**

各位準備好聽一聽你怎麼猜也猜不到的答案了嗎？

「湯瑪士，你人生最大的成就是什麼？」

我以為他會講，如何創辦了全世界最大的披薩連鎖店。不，不是這個。

也不是興建天主教名校萬福瑪麗亞大學（Ave Maria University）並捐助經費，或是創設並資助萬福瑪麗亞法學院（Ave Maria School of Law）。這些都不是。

那他買下美國職棒底特律老虎隊（Detroit Tigers），還贏得世界大賽（World Series）冠軍算不算？這應該是了不起的成就。然而也不是。

天主教使節團（Legatus，Ambassador〔大使〕的拉丁文）的構想是他想出來的。那是由重量級領袖人物及企業執行長組成的全球第一大天主教組織，宗旨為研究、實踐和傳布天主教信仰。單單這一件即足以讓他進入任何名人堂。可惜依舊不是。

讀者諸君，你們聽了會很驚訝。我便是如此，我滿以為自己很了解湯瑪士。準備好聽答案了嗎？

我問他：「湯瑪士，什麼是你這一生最大的成就？」

「是我報名並考上海軍陸戰隊。那是我最大的成就。」

「什麼？湯瑪士，你這一生有這麼多豐功偉業，卻最看重加入海軍陸戰隊？」

「是的，那段經歷教給我品格、紀律和價值觀。它改變了我的一生。」於是我們談起改變他人生的海軍陸戰隊經驗，談了半小時。

美國海軍陸戰隊的信條是「永遠忠誠」（Semper Fidelis，即 Always Faithful）。凡待過這個精英團體的人，似乎腦海裡都對此銘記不忘。陸戰隊員對部隊和國家，懷抱著至死不渝的奉獻精神、忠貞不二和同袍愛。

假定你問別人這個問題，卻得到始料未及的答覆，也別感到驚訝。因為你將對交談對象的心理一覽無遺。那是必然的。

再講一件不相干的小事情。大家都看過達美樂的商標。或許各位也和我一樣有過疑問：為什麼骨牌的一邊有兩個點，另一邊有一個點？原來湯瑪士當年請人設計這個標記時只有三家店，三個點各代表一家。後來達美樂雖不斷成長，這個標幟卻沿用至今。

想要了解他人的內心，得知什麼事對他最重要，請問這個問題：「你這一生最大的成就是什麼？」

活用好問題的練習

「你這一生最大的成就是什麼？」
What is the greatest achievement in your life?

這個問題可分為許多層次。它有可能使對話進到更深、更多的層次。它促使我們進一步要問：只提單獨一項最大的成就，辦不辦得到？那是指事業上的成就，還是不分任何領域，像是個人及家庭生活？究竟什麼才算成就呢？這是一個很有用的問題，可以促成深思和對話。

即便對方很難只舉出一件事，你也可以藉此知道他的許多經歷。（對了，各位也要有回答這個問題的心理準備，因為對方很可能反問你！）

使用問題的時機

- 當你想加深與某人的關係，想知道更多對他而言重要的事。

同樣問題的其他問法

- 「你個人感到最欣慰的成就是什麼？」
  What is your most personally gratifying achievement?
- 「你最引以為傲的成就是什麼？」
  What is the one achievement you are proudest of?

- 「回顧你所有的成就，你認為其中哪一項是別人會記得最清楚的，原因在哪裡呢？」
  In thinking about all of your achievements, which one do you think other people will most remember, and why?

接著還可以這樣問

- 「請再多談一談。為什麼你會選擇那一項？」
  Say more about that. Why did you choose that particular one?

情境 32

評量人生，學杜拉克的五大問題

那是我這一生中，最興奮不已和最值得紀念的日子之一。我要告訴各位這個故事。那始於一通電話。

「可否幫我查一下加州克萊蒙（Claremont）的彼得・杜拉克（Peter Drucker）的號碼？」我在與長途電話接線生通話。

（我不敢奢望，真的能和杜拉克博士交談。我猜測打過去會是答錄機，或是負責過濾電話的人來接。不過我還是想試一試。我正試著體現梅維爾〔Melville〕在《白鯨記》〔*Moby Dick*〕裡說的話：凡是起而行的人遲早會找到成功之路。）

「你要找的是彼得・F・杜拉克嗎？」我其實不知道他姓名中間的縮寫是什麼，但是我猜想，在克萊蒙應該沒有太多叫彼得・杜拉克的人。我對接線生說，這正是我要找的人。然後她問：「是住在馬正路（Marchand Street）847 號的那一位嗎？」

「哦……對，我想應該就是我要找的那位杜拉克。」接下來我聽到的聲音便是彼得・杜拉克。儘管他在美國已經待了五十年，說起話來仍然帶著濃重的奧地利口音。

我向他解釋，我打這通電話是因為正在寫一本書，主題是非營利組織的董事，應當對其職務懷抱怎樣的熱忱及承諾。我表示希望引用他的話，只要幾個句子就好，我會在書裡標明引言的出處。

彼得．杜拉克至今仍是全球公認的管理學理論開路先鋒。他是著作等身的作家、教師和顧問。談判影響現代企業及非營利組織管理之道，史上第一人恐怕非他莫屬。

我對杜拉克博士說，我正在寫的書，是討論非營利組織董事會的管理。我說：「在美國沒有人比您更懂得企業的董事會。我覺得，企業董事會與非營利組織的董事會，有一些重要的雷同之處。所以想請教您對於這個主題的看法。我什麼時候再打來比較合適？」

他說：「這實在太有趣了。我也正好在寫一本有關非營利組織董事會的書。也許你可以過來我這裡。我們可以好好聊一聊。」

我的天啊！我要跟彼得．杜拉克聊一聊。

「你能不能挑個星期天，到克萊蒙來看我？」我馬上同意。再怎麼說，克萊蒙也只不過在約 4800 公里之外！我們講好在三星期後的星期天見面。

我飛到加州安大略市（Ontario），在機場租車，直奔馬正路。我在九點整按下他簡樸住家的門鈴。

杜拉克博士身穿舊格子襯衫，領口敞開。

「請進。我很盼望見到你。內人煮了咖啡。我們到廚房裡談吧。」

我跟心目中的英雄人物共處了一整天。我盡可能拚命、飛快的記筆記。整整兩本記事簿都用完了。幾個月後，我們又一起度過一整個下午。不過那與此處要談的無關。

我們所討論意義重大的主題中，有一項是杜拉克博士所謂的「五大最重要問題」。很不好意思的告訴各位，我只來得及記下其中四個。

我被他的氣勢震懾到，也不想打斷他。還好事後我回想起第五個問題是什麼。等一下馬上揭曉。

他說：「有五個問題是董事會必須考量的。一個組織想要成功，一定得對這些問題好好思考並找到明確的答案。我會一一解釋給你聽。」

（回來提醒各位讀者。這些問題對個人生活同樣重要。基於本書的宗旨，下面也會說明它們對個人的意義和價值。）

首先，杜拉克告訴我，我們必須考慮組織的使命。我認為，設定個人的人生使命也同樣重要。我自己就寫過個人使命書。寫起來很嚇人的。

在你的個人使命書中，請回答以下的問題：我是怎麼樣一個人？我認為最重要的價值是哪些？我有什麼主張？我對這一生有什麼願望？我應該如何對待生命中最親近的人？我希望別人怎麼對待我？我的人生目的是什麼？

好好想一想。然後寫下來。使命書有助於你判定自己的為人，說出自己的為人，並且言行合一。

完成個人的使命書以後，你會十分清楚，自己為何出生在這個地球上。亦即海明威（Hemingway）所說的：它將剝除你自以為對本身的了解。別的都不打緊，我要敦促你，好好寫下人生使命書。即刻開始，一層層剝下去。

接著杜拉克說，**你該知道顧客是誰。在個人層面上，這是指你必須明確知道，你想與什麼人為伍？**想與哪些人互動？他們是否反映你的價值觀和興趣？他們是否可以增添你的活力和對生命的渴望？

杜拉克繼續談到第三個問題：**「顧客重視什麼？」這對個人代表著，你必須明瞭每個朋友、家人及同事重視什麼。**他們有什麼目標和優先要務？他們對於與你的關係最在意什麼？

著名非裔女作家瑪雅．安吉羅（Maya Angelou）說：「別人會忘記你對他說過什麼，甚至會忘掉你對他做了什麼，可是絕對忘不了你給他的感覺。」

我最後一個來得及記下的問題是：**「你想得到什麼成果？」放在個人領域，就是你有什麼期待。**

你周遭的人是否明白你期待什麼？如果你有子女，他們是否知曉你的期盼？配偶或伴侶呢？上司？員工或同事？你又知不知道這些人對你抱有什麼期望？你是否問過他們需要什麼？

第五，也是最後一個問題，我原本來不及記下來。原因或許在於杜拉克最後才提到它，而那個我一生中最雀躍的日子已到尾聲，我的腦袋裡新思緒泉湧，情緒也激動不已。

最後這個問題是：**「你有什麼計畫？」它不但適用於組織，同樣通用於個人生活。**之前我們已經釐清了個人的使命和價值觀。也分辨出願意來往、達立關係的對象。並且深深了解周遭的人看重什麼，注重什麼。他們明白可以對你有何期待，而你對他們又有何期望。

最後一步是訂出自己的計畫：為達成目標，短、中、長期應採取什麼行動。缺少計畫，有如亂槍打鳥，或者是一事無成。

全都告訴各位了：彼得．杜拉克的大哉問——在作家所提出檢驗人生的問題中，這是被譽為最具影響力的。請用這些問題來引導你，督促你。也拿這些問題去問別人。要不厭其煩。

記住海倫．凱勒（Helen Keller）的話：「人生是大無畏的冒險。」現在就從撰寫個人使命書著手。

請直搗核心去挑戰自我。請以杜拉克提到的使命、人物、價值、期待和計畫的五大問題，來問自己、問他人。

在個人生活運用杜拉克五大問題的練習

1. 你的人生使命是什麼？
   What is your mission?
2. 你有意經營的最重要的關係是哪些？
   Which are the most important relationships you want to invest in?
3. 與你最親近的人把什麼視為優先要務和重要目標？
   What are the essential priorities and goals of those closest to you?
4. 你對最親近的人有何期待，他們又對你有什麼期盼？
   What are your expectations of the people closest to you, and what do they expect of you?
5. 你有什麼計畫？
   What is your plan?

管理學思想大師彼得·杜拉克，慣於向客戶提出五個問題，重點分別是使命、顧客、價值、成果和計畫。他的客戶都是大企業，也有美國紅十字會及女童軍等大型非營利組織。一旦面對杜拉克的提問，再有自信的執行長都難以招架。

現在請把這些問題用在個人生活上，用來挑戰自己。讓深藏不露的內在曝光。花一點時間降低心河的水位，檢視水面下究竟藏著什麼，暴露在人生河岸上的又是什麼。你打算隨波逐流，還是有意識、有計畫的選擇自己的人生？

在教導或輔助他人時，也請運用這五個問題。視情況每次只提一個就好。假設對方要建立重要的關係，就問：「你知道此人現在最在乎的事情和目標嗎？」如果對方居於領導地位，比方從事專門職業或是做父母的，就問：「別人知道你對他的期待嗎？你有沒有好好的說清楚？」

情境33

假設生命有限，學會把握當下

他擁有值得活下去的一切理由。

他在康乃迪克州最富裕的一隅擁有一棟豪宅，家庭和樂，收入是從來想像不到的優渥，最近又剛剛升遷。

待我告訴各位他的職銜。他在全球數一數二的大型會計師事務所，擔任執行長兼董事長。這是他犧牲很多所換來的職位。工時長，出差多，疏忽家庭，為問鼎最高位明爭暗鬥。

金．歐凱利（Gene O'Kelly）傲視群倫。

然後他發現，他與命運有一個陌生的約會。在做每半年一次的主管例行健檢時，他向醫生抱怨身體一再不適。於是醫生仔細問診檢查。院方又給他多做了一連串特別的檢驗。

結果十分確切。不是好消息，情況很不樂觀。

金．歐凱利被告知，他得了無法開刀的腦腫瘤，最多只有九十天可活。人只有在這種時候才會體悟到，生命稍縱即逝，倘若未能三不五時停下來，看一看周遭的世界，說不定就錯過了。

我們無從知道，他聽聞噩耗剎那間陷入絕望的感覺。他如何告訴妻子這可怕的消息。如何面對預知的死亡。午夜夢迴時面對怎樣的恐懼。在這種時刻，勇氣將決定你的生命會放大或縮小。

我們確實知道的是，歐凱利積極、務實、停不下腳步。在被判死刑後不久的某個時間點，他必然覺得九十天的生命太珍貴，不可浪費在懊惱中。他從工作經驗中學到，成功者都很懂得以 B 計畫應變。

他決定寫日記，記下剩下的九十天生命。（事實上他後來只活了六十天。）

現在請各位準備紙筆。我會等著。

我強烈建議各位，買一本他寫的書，書名是《追逐日光》（*Chasing Daylight*）。這本書對我產生不可磨滅的影響，對各位也會有同樣的作用。我保證。

這本書使我明白，看事見物都要像是第一次看到，也要像是最後一次看到。可能更要像是永遠再也看不到。我必須把一切看在眼裡，並且永誌不忘。我必須把握每一時刻。

我在研習會、討論會和正式會議上演講。每年有大約六十天會站上講台。某些年則更多。

歐凱利的書對我影響之大，於是我開始在每次演講時，都會先請聽眾想一想，如果只剩下九十天的壽命，你打算怎麼活。你要去見哪些人？要改正哪些錯誤？要跟哪些朋友說你有多愛他？有哪些地方你想最後一次造訪？你想如何與家人度過最後的時光？

各位知道我的意思。我是要向聽講者強調，生命如此脆弱，從出生那一天開始，我們即在走向死亡。我要提醒大家，盡情活出人生：讓生命滿溢喜悅滿足，不虛此行。我想要告訴人們，不妨將工作視為來日方長，但生活則彷彿來日無多。

做這個練習一、兩年後，我領悟到其實還有一個更大的課題：一旦你知道自己只剩三年可活，你會如何應對？這個問題之所以更值得重視，理由在於它能促使你想得更多更遠，讓你不再安於現狀。

九十天是給我們一個機會，以便迅速整理好自己的人生，然後打包繫上蝴蝶結。假使把時程改為三年，挑戰截然不同。你將不得不做更多思考和規劃。你有充裕的時間不光是打包，你會體悟雖然世界照舊，但你對事物的看法改變了。

你仔細檢視不斷前進的人生。卻突然看到它戛然而止。你看到了終點。

我愈想愈覺得把時段拉長到三年，這個主意不錯。於是我決意讓我的演講有點變化。如今這已是我每次演講的慣例。

我會給每個人一個空白信封。請大家在左上角寄件人處寫下自己的地址，收件人也是給自己，並註明「私人信件，非本人請勿拆閱」。右上角貼郵票處則寫上日期。

接著我請大家寫一段簡短的敘述。一個非常特殊的文件。

「別擔心句型結構、拼字或文法。別管大一英文的老師是怎麼教的。我希望各位順著思路自由的流動，自然的書寫。

「把你的腦海當做一張白紙。現在可以準備動筆了。

「你只剩下三年可活。從今天算起三年。你會怎麼改變自己的生活，包括個人與工作上？你希望完成什麼？有哪些人是

你希望能夠更親近的？」

我告訴大家，朋友是懂得你的靈魂之歌，而且會在你忘記歌詞時，還會回過頭來對著你唱提醒你的人。誰是你的這種朋友，為什麼你現在見到他們的機會不多了？你要怎麼改變你的生活？

我給他們十五分鐘去寫。這麼長的時間綽綽有餘。我要的是無虛飾、不矯情，完全披露真心的內容。

我要他們寫完摺好，放進寫有地址的信封裡，然後封好。我收齊所有信封，拿回我的辦公室。在記事本上記下到期時間。三年後我的辦公室會把信寄回。

我這麼做到現在大概有六年了。效果非常好。每個月我都會接到十二、三通電話，是收到自己的信的人打來的。

他們告訴我，剛看到信封時，只覺得筆跡好熟悉，卻想不起來何時寫過這封信。（三年時間不算短。）打開一看，裡面寫著自己計畫如何度過生命最後的三年。那便是我會接到電話的時候。

有人告訴我，他就快要達成當時寫下的目標；有很多人則為三年後還能活著，表示非常感恩；也有人給過我極高的讚美。我把這些都一一記下來。（我想有一天我會寫本書！）

社會學家告訴我們，公開承諾可大大增加實踐諾言的機率。我們也知道，把東西寫下來，可留下永久的印象。

許願時要小心，它很可能成真。

「倘若你知道自己只剩下三年的壽命，你會希望在個人及

工作上達成什麼？」這個問題可用於無數情況，我對客戶、朋友及家人都會這麼問。

它會帶你走上奇妙的旅程。所有的路標都取下。也沒有地圖可以參考。

這個問題使人不得不思考，如何重新調整人生的優先順序；也使我們覺悟，不能空等適當的時機來臨。永遠不會有恰到好處的時機。

人可以被一時的情緒火花所鼓舞。生命的畫布是無色的，但有待填入的細節已準備就緒，而且會如螢光般閃閃發亮。

當你想請某人深思自己的人生要務，以及打算如何度過餘生，就問他：「倘若你知道自己只剩下三年的壽命，你會希望在個人及工作上達成什麼？」

活用好問題的練習

「倘若你知道自己只剩下三年的壽命，你會希望在個人及工作上達成什麼？」
If you knew you had only three years to live, what would you hope to achieve personally and professionally?

Carpe Diem 這句話如今已是老生常談。拉丁文學者說，它可翻譯為「把握當下」。

不論是否用得太浮濫，這是必然會驅策我們的幾個字。告訴我們要抓住人生的時時刻刻。它是我們要唱的讚美詩。鼓勵我們絕不放過機會。要向機會宣戰。

你我務必投入每個日子，攻下每個時刻。搶奪人生所有的美好和所有的果實。我們的目標應該是年輕的死去，但是愈晚愈好。

這個問題有十足的力道，原因即在於此。如果知道自己只剩三年可活，你要如何度過？你會發現別的問題所挖不出來的、新鮮意外的答案。

把握當下。這四個字說明一切。

使用問題的時機

- 對朋友、家人、同事，幾乎可以問每個認識的人。
- 刺激別人思考，讓他們擺脫日常生活的瑣瑣碎碎。

同樣問題的其他問法

- 「你人生第一要緊的大事是什麼？你花在那上面的時間夠不夠？」
  What are the most important things in your life? Are you spending enough time on them?

接著還可以這樣問

- 「目前，有什麼因素妨礙你去實現？」
  What's stopping you from doing this—now?

結語

提問的驚人力量

各位讀者請跟我來。我們要去路易斯安那州波西爾（Bossier）。時間是1950年代。

瑪德琳要八歲的邦妮和六歲的妹妹，到外面院子裡。瑪德琳是母親。她吩咐兩個女兒：「拿紙筆來。」

瑪德琳正坐在地上。你可以看見她坐在那裡，旁邊放著一個鞋盒和一把小鏟子。兩個女孩坐在媽媽旁邊的地上。

「現在挖個洞。」她們挖了可以放得下鞋盒的洞。

「然後在你們拿來的紙上，寫下『不能』兩個字。寫完摺好，放進盒子裡。我們再把盒子埋下去。」

瑪德琳說：「好了，從此以後，你們永遠不可以再說『不能』兩個字。」自此邦妮一直信守母親的教誨，從來不說「我不能」。

快轉到邦妮的青春期，她拒絕學縫紉，這決定了她日後的人生。

當時她想學服裝設計，學校發給她針線，老師說，想當服裝設計師，就一定要學會縫紉。本來她也沒有什麼這方面的天分，所以這個志願很快就無疾而終。

謝天謝地，我相信這世界因此少掉一個平庸的設計師。

邦妮．麥考爾文．杭特（Bonnie McElveen-Hunter）日後成為美國第一大品牌刊物代編出版公司的老闆。在女性當家的美國公司中，其規模也名列前矛。

杭特似乎不但經營事業游刃有餘，還擔任了美國駐芬蘭大使。她的成就不止於此，她還是美國紅十字會有史以來第一位女會長，擁護女權不遺餘力，並創辦國際婦女企業領袖高峰會（International Women's Business Leaders Summit）。

在某個晚宴上，我坐在科林．鮑威爾將軍（Colin Powell，美國非裔名將，曾在小布希總統時代出任國務卿）旁邊。那次是城市聯盟（Urban League）的全國會議，鮑威爾是受邀的貴賓，當時他剛卸下國務卿一職。杭特就任大使時的宣誓儀式，即是由他主持。我對鮑威爾表示，我認識杭特。

鮑威爾說：「她實在很了不起，我認識的人當中就屬她最聰明，與她相處絕無冷場。她的效率一流，有用不完的精力。」

我要用一個芬蘭字：sisu，來告訴各位我對杭特的看法。那是想要出人頭地的內在渴望，也是促成不凡成就的動力。在我看來，這個字把杭特的衝勁和活力表達無遺。當別人在分析不可行的阻礙，杭特卻只管細數有哪些可能。

我認識杭特、和她合作，已經超過十二年，她是靈感的泉源。我學會用一個新字眼形容我對她的感覺，她是我心目中的女權英雌。

這些年來，我在與她數十次的交談中，提問了不少好問題。每一個問題都發人深省，也能夠使談話滔滔不絕。

比方說，我記得有一次我們共進午餐，我問她：**你被問過最有深度、最難回答的問題是什麼？**。她想了想，但只有一下子。

「有人問過我：『**你的所作所為會對一百年後造成什麼影響？**』」（她的話使我想到，善於舉例便能把道理說得最清楚。）

接著杭特花了十分鐘左右，講她希望有生之年，能夠做出什麼影響到未來世世代代的作為。

一個有力的問題。十分鐘的回覆。

又有一次，我們同行。我問她：「你問過別人最有深度、最難回答的問題是什麼？」這也是有可能激起幾乎任何人的思想漣漪。

她提起某次與巴勒斯坦紅心會（Palestinian Red Crescent Society）及以色列緊急醫療暨救難組織（Magen David Adom，相當於紅十字會）開會，討論主題是國際紅十字聯盟（International Federation of Red Cross）與紅心會聯盟（Red Crescent Societies）合併。

「我問他們：『紅十字會和紅心會究竟有什麼差別？』我們拚命比較了一小時，想要確定有沒有相異之處，結果找不到。我也問過紅十字會高層同樣的問題。

「我直接說重點吧。我問：『我們雙方都對人類懷抱著愛心，這種愛相較於日常不斷出現、一再考驗文明作風的歧見鴻溝，難道不是更偉大嗎？』」

再有一次，我在杭特的辦公室，不斷有人進進出出，或是來報到、來請示、來請她做定奪。直到人來人往不再那麼頻繁，我才發出疑問：「杭特，**你認為什麼是完美的一天？**」

「很簡單，只要我身體健康還能站得好好的，就是完美的一天……還有只要上帝擾亂我，要我走出稀鬆平常的生活，為更大的目的服務，都是完美的一天。」

我又繼續問：「**你這一生最棒的日子是哪一天？**」我的時間不多，好在她的注意力完全不受打擾。

「我認為我最棒的日子尚未來臨。我希望到那一天時，能聽到最珍貴的評語：做得好，我虔誠的忠僕。」結果杭特回應這兩個問題，連講了三十分鐘。

再有一次，「杭特，你這一生成績斐然。假如有美國婦女名人堂的話，你一定是最先進入的一批。你是美國不多見的女性領導人，**你希望別人如何記得你？**」

「這方面我還在努力中。但是我懂得：生不帶來，死不帶去，而唯一真正能夠保留的……是我們的付出。我希望人們記得，我是奉獻出自我的人。

「我希望大家記得，我是一個給予鼓舞和啟發的人，幫助他人充分發揮潛能。」這番話使我們多談了約十五分鐘。在精彩的意見交流中，杭特說，她覺得一個人的一生必須如此這般。

以上敘述不免帶有說教的成分，假如我有點像在宣傳什麼，還請各位見諒。杭特的人生，全部奉獻給對服務永無止息的承諾。

我講述的是這位傑出女性不同凡響的故事，但這只是對她人生的驚鴻一瞥。

也請各位諒解，邦妮．麥考爾文．杭特確實叫人佩服，可是這一章不是為了寫她的事蹟。我想強調的是，犀利而令人無法迴避的提問，可以釋放出澎湃內心深處的感受，也可以促成生動的對話。那將是親近、私密、難忘的對話。

本章所寫的好幾個我問她的問題，都是我在不同時候拜訪她時所問。你由此可以看出，即使與同一個人多次見面，仍有很多問題可以交互運用，不至於重覆。好問題不是問完一次就了事！

想要掘取深藏心底的感受，好問題的能量和氣勢，是我們無堅不摧的盟友。只要時機得當，這些問題將使你成為對談達人。

好問題的重要性在於，它能夠敞開一扇大門，讓我們無止境的探索和找到無窮的機會。最要緊的是，它可以幫助你建立關係，贏得生意，影響他人。

更多資訊

追加 293 個好問題

33 種情境總複習

前面分別討論可能轉變談話、甚至人生的一系列精選問題。在進一步介紹更多問題前，先將前面的內容重點彙整如下。把這些再加上內文提到的其他問題，以及這裡追加的，則總共有 337 個問題，可以供讀者在各種狀況下應用。

以下是前面精選問題的摘要：

1. 你想了解我們的哪些方面？（20 頁）
What would you like to know about us?

2. 你覺得呢？（25 頁）
How do you think?

3. 顧客準備要買了嗎？（32 頁）
Are they ready to buy?

4. 這對促進你的使命和目標，有什麼幫助？（38 頁）
How will this further your mission and goals?

5. 你為什麼要做這個工作？（43 頁）
Why do you do what you do?

6. 你最多只能做到這樣嗎？（50 頁）
Is this the best you can do?

7. 接近目標及期望的好問題（57 頁）
Power questions that access goals and aspirations

8. 你學到什麼？（65 頁）
What did you learn?

9. 可不可以告訴我，你的計畫？（71 頁）
Can you tell me about your plans?

10. 你希望他們在哪些地方有所改進？（75 頁）
What do you wish they would do more of?

11. 為什麼？你為什麼想要那樣做？（81 頁）
Why? Why do you want to do that?

12. 我們今天做了什麼決定？（86 頁）
What have we decided today?

13. 你的問題是什麼？（92 頁）
What's your question?

14. 我們今天應該討論的最重要的事是什麼？（97 頁）
What's the most important thing we should be discussing today?

15. 你是怎麼開始的？（104 頁）
How did you get started?

16. 不介意我們重新來過吧？（109 頁）
Do you mind if we start over?

17. 你這一生哪件事帶給你最大的滿足感？（115 頁）
What in your life has given you the greatest fulfillment?

18. 要還是不要？（121 頁）
Is it a yes or a no?

19. 你有什麼夢想？（127 頁）
What are your dreams?

20. 你覺得對你來說什麼才是正確的決定？（132 頁）
What do you feel is the right decision for you?

21. 你可以再跟我多說一點？（137 頁）
Can you tell me more?

22. 你被問過最難回答的問題是什麼？（143 頁）
What was the most difficult question you have ever been asked?

23. 你這一生最快樂的日子是哪一天？（149 頁）
What has been the happiest day in your life?

24. 假設情況倒過來，你希望別人怎麼對待你？（156 頁）
If the circumstances were turned around, how would you like to be treated?

25. 是什麼使得今天比其他的日子更特別？（161 頁）
What made this day more special than any other?

26. 你還有沒有別的想達成的願望？（167 頁）
Is there something else you'd like to accomplish?

27. 蘇格拉底的提問技巧（174 頁）
Socrates' questioning techniques

28. 在工作上，你希望哪些地方能夠多花些時間，哪些寧願少做一點？（178 頁）
What parts of your job do you wish you could spend more time on, and what things do you wish you could do less of?

29. 如果你今天必須寫自己的訃文，你會怎樣述說你這個人和你的一生？（185 頁）
If you had to write your obituary today, what would you make it say about you and your life?

30. 在你看來，我是什麼樣的領導人？（191 頁）
How do you see me as a leader?

31. 你這一生最大的成就是什麼？（198 頁）
What is the greatest achievement in your life?

32. 彼得・杜拉克的五大神奇問題（205 頁）
Peter Druker's five magic questions

33. 倘若你知道自己只剩下三年的壽命，你會希望在個人及工作上達成什麼（212 頁）
If you knew you had only three years to live, what would you hope to achieve personally and professionally?

好問題不止於此

我們在前面的章節講的是，如何在實際對話中運用強而有力的問題。我認為有必要用真實生活中的例子加以說明，畢竟問題出現在實際發生而且情節戲劇化的故事中，才能夠讓人牢牢記住，甚至久久不忘。

然而能夠扭轉乾坤的問題豈止於此，還有很多，都是我們在工作、家庭、與朋友相處時，應該天天利用的思考性、探討性、激勵性的問題；甚至對在飛機上偶遇的陌生人也用得到。

在精進篇我們要分享 293 個問題。共分為九項主題，分別有助於從事以下的活動：

1. 贏得新生意
2. 建立關係
3. 輔導或指導別人
4. 解決危機或抱怨
5. 與上級對談
6. 與部屬交流
7. 評估新提議或構想
8. 改進會議效率
9. 爭取捐助

在與別人交談時，請善加應用這些問題，讓你們的對話熱烈而有意義，也加深你與對方的關係。

下面的問題未附帶故事。現在這是各位的責任。請用它們寫下你自己動人的、具啟發作用的、劇力萬鈞的故事。

1. 贏得新生意

爭取生意的祕訣是什麼？說服潛在買主接納你的提議，祕訣又在哪裡？

當你找出明確的需要，建立起信賴的關係，展現出商品的價值，爭取買主便是水到渠成。而全世界最成功的業務人員，是憑藉問對問題創造上述條件。

他們不靠令人眼花撩亂的簡報投影片，去取得潛在買主的信任。反之，他們仰賴經過仔細思量和盤算的問題，不著痕跡的展現自己的知識與經驗。他們用問題發掘隱藏的需求。用問題分辨是要解決難題，還是要把握機會。第一流的業務人員也用發問來拉近與客戶的感情，藉此進一步認識對方並表現自己的關心。

無論是銷售產品、服務或構想都無妨。當你首次與人見面，好問題可以迅速為你贏得尊敬。那是建立信賴關係的第一步。

促使首次會面成功

1. 從你（們）的角度看，我們應該如何運用今天會面的時間，才能夠不虛此行？
From your perspective, what would be a valuable way for us to spend this time together?

2. 了解本公司的哪些方面會對你有幫助？
What would be useful for you to know about our firm?

3. 是什麼原因促使你有意跟我們見面？
What prompted your interest in our meeting?

4. 在與你們同產業的客戶接觸時，我發現一些令他們苦惱的問題。例如……（請舉例）。你和貴公司的管理團隊是否也有同感，還是不見得？

How would these resonate with you and your management?

5. 貴公司對……是如何回應？（指客戶的產業或經營項目近期的重要發展）

How is your organization reacting to…?

6. 貴公司如何處理……？（指新競爭對手、廉價進口品、新法規框架等等）

How are you handling…?

7. 你有沒有特別佩服某個競爭對手？

Is there a particular competitor you admire?

8. 可否談談貴公司今年最看重的優先要務是哪些？

Can you tell me what your biggest priorities are for this year?

9. 未來幾年裡，貴公司最重要的成長機會在哪裡？

What are your most significant opportunities for growth over the next few years?

10 你提到……時，確切的意思是指什麼？(例如「避險」、「功能失調」、「挑戰性」等等)

What exactly do you mean when you say…?

11. 你認為貴公司最有價值的顧客是哪些？
Who would you say are your most valuable customers?

12. 貴公司最好的顧客會認為，他們與你們做生意的主要理由是什麼？
What would your best customers say are the main reasons they do business with you?

13. 顧客為什麼一直跟貴公司往來？
Why do customers stay with you?

14. 顧客為什麼會流失？
Why do customers leave?

15. 顧客有怨言時，是抱怨什麼？
When customers complain, what do they say?

16. 過去五年裡，貴公司顧客的期待有何改變？
How have your customers' expectations changed over the past five years?

17. 你會如何形容自己的客戶面臨的最大挑戰？
How would you describe the biggest challenges facing your own customers?

18. 促使你們推行這項新計畫，背後的動力是什麼？（推動降低成本、設計新組織架構等等，是基於什麼原因？）
What's the driving force behind this particular initiative?

19. 所謂「更好的」（風險管理、組織效能等等）應該是哪種情況？
What would "better" (risk management, organizational effectiveness, etc.) look like?

20. 你是怎麼決定要請外人幫忙的？
How did you reach the decision to seek outside help?

21. 你們內部對於問題出在哪裡以及可能的解決辦法，有多大的共識？
How much agreement is there, internally, about the problem and the possible solutions?

22. 從你的角度看，根據以上所討論的，在這次會後應採取什麼後續行動，會對你們有幫助？
From your perspective, given everything we've discussed, what would be a helpful follow-up to this meeting?

發掘需求

23. 你認為貴公司為此付出多少代價？
How much do you think this is costing you?

24. 你認為值得去解決它嗎？
What do you think it's worth to fix this?

25. 這對貴公司的其他營運有什麼影響？（如銷售、成本、生產力、士氣等等）
How is this affecting other aspects of your business?

26. 你是怎麼知道……？（如人員流動率高、生產力低、風險管理做得不好等等）
How do you know that…?

27. 在貴公司究竟誰該為這個問題負責？
Who in your organization really owns this problem?

28. 如果找到有效的解決之道，那會對你本身的職務有何影響？
If an effective solution is found, how will it affect your own job?

29. 為什麼此事現在對你很重要？
Why is this important to you right now?

30. 這是不是你們的前三、四大優先要務之一？
Is this one of your top three or four priorities?

31. 你個人花多少時間在這個問題上？
How much time do you personally devote to this issue?

32. 可不可以請你舉個例子？
Can you give me an example of that?

33. 如果不好好處理這個（問題／機會等等），貴公司的業務會受到什麼衝擊？
If you do not address this, how might your business be impacted?

34. 你們已經試過哪些解決辦法，有多麼成功？
What solutions have you already tried and how successful were they?

35. 若要進行這項改革，貴公司內部會出現哪幾種阻力？
What kinds of organizational resistance will there be to this change?

36. 是否有我沒問到，但你認為與了解這個課題有關的部分？
Is there anything I haven't asked about that you think is relevant to understanding this issue?

了解期待與目標

37. 貴公司未來的成長會出自哪裡？
Where will your future growth come from?

38. 就……趨勢來看，你認為貴公司目前的策略會如何改變？
How do you think your current strategy is going to change, given

trends such as …?

39. 貴公司迄今一直成功的原因何在？這些因素將來會怎麼變化？
Why have you been successful so far? How will those reasons change in the future?

40. 貴公司已經達到某些重要的里程碑，也有很可觀的成績。未來在提升績效上有什麼目標？
You've already reached some important milestones and accomplished an enormous amount. Where do you go from here in terms of future improvements in performance?

41. 貴公司的成長會有多少來自現有顧客，多少來自新顧客？你們背後的考量是什麼？
How much of your growth will come from existing customers versus new customers? What's your thinking behind that?

42. 如果有多餘的資源，你們會投入在哪些新措施中？
If you had additional resources, which initiatives would you invest them in?

43. 有沒有貴公司需要降低重要性或停止進行的事務？
Are there any things you need to de-emphasize or stop doing?

44. 假如不怕被否決，你可能會再多要求什麼？

What more might you ask for if you were not afraid of getting "no" as an answer?

45. 你覺得隨著時間演進，貴公司的優先要務出現什麼變化？
How would you say your priorities have changed over time?

46. 到年底時你本身的績效，會根據什麼來考評？
How will your own performance be evaluated at the end of the year?

47. 為了支持公司日後的策略，你們有什麼需要大幅加強的任何組織能力或營運能力？
Are there any organizational or operational capabilities that you will need to significantly strengthen in order to support your future strategy?

48. 貴公司將來的策略，對於所需要的人力會產生哪些質與量的要求？
What demands will your future strategy make on the quality and quantity of people that you need?

49. 在思考個人事業未來的發展時，你最興奮的是什麼？
As you think about the future of your business, what are you most excited about?

50. 在思考個人事業未來的發展時，你最擔心的是什麼？

As you think about the future of your business, what are you most worried about?

51. 你在事業上非常成功。還有沒有其他你想完成的心願？
You've been very successful in your career. Is there something else you'd like to accomplish?

52. 你對未來有什麼夢想？
What are your dreams for the future?

討論提案

53. 我們原先計畫討論以下這些領域。在我們的報告中，有哪些部分最值得強調，值得花時間在上面？
We had planned to cover the following areas. What parts of our presentation will be most valuable for us to emphasize and spend time on?

54. 可否請你用自己的話再說一遍，這項計畫成功完成後，你希望有什麼收穫？
Can you restate, in your own words, what you hope to gain from successful completion of this program?

55. 針對我們提案的內容，考慮對你們的價值，你能否舉出希望做哪些增減？
Given what we've set out in our proposal, and thinking about

value to you, can you say something about what you'd like to see more or less of?

56. 你對我們列舉的處理方式，最欣賞的是哪一部分？
What do you like most about the approach we've outlined?

57. 你有所顧慮的是哪些方面？
What aspects concern you?

58. 這個提案有哪些地方切中你們想達成的目標？
In what ways does this capture what you're trying to accomplish?

59. 在選擇本案的合作夥伴上，你最重要的考慮因素是什麼？
In thinking about choosing a partner to work with on this, what's most important to you?

60. 可以請問一下，你們還正在跟其他哪些公司洽談？
May I ask, who else are you talking to?

61. 可不可以說明一下你們的決策過程？
Can you walk me through your decision-making process?

62. 選定要和哪家公司合作，誰會下最後的決定？
Who will make the final decision about choosing a firm to work with?

63. 這個專案的經費會如何決定？

How will the funding for this be determined?

64. 如果有兩家供應商，在技術能力、經驗和價格上都勢均力敵，你們會如何做決定呢？
If two providers are evenly matched in terms of technical ability, experience, and price, how will you make your decision?

65. 我感覺你確實還有些猶豫。可否讓我了解一下是有什麼原因嗎？
I sense you do have some hesitation. Can you help me understand what is behind that?

66. 在確定我們的做法之前，有沒有其他我們應該商量或請教的人？
Is there anyone else who we ought to discuss this with or hear from before we finalize our approach?

與客戶開會前先自問

67. 我是否已經詳盡的討論過客戶對這次會議的需求與期待？
Have I thoroughly discussed the client's needs and expectations for this meeting?

68. 假設開會時要提出實質的資訊或建議，我們是否事先跟所有該知會的相關人士預告過？
If substantive information or recommendations are being

presented, have we previewed these in advance with all the right constituencies?

69. 我們這邊和客戶那邊，出席會議的人是否合適？我是否知道有哪些人會出席，總共有幾位？
Are the right people—from their side and from our side—coming to the meeting? Do I know who they are and how many there are?

70. 如果我們這邊參加的不只一人，我們是否已經討論和釐清了各自要扮演的角色？
If more than one of us is attending, have we discussed and clarified the roles that everyone is going to play?

71. 我想要傳達的首要訊息或想法是什麼？我如何在一分鐘或更短的時間內說出重點？
What are the most prominent messages or ideas that I want to get across? How would I summarize these in one minute or less?

72. 有哪些不同的方式可以呈現我們的想法？可不可以用掛圖，不用電腦簡報軟體？有沒有一些動聽的故事，可以幫忙說明我們的看法？
What are the different options for presenting our ideas? Can we use flipcharts rather than PowerPoint? Do we have some engaging stories that can help to illustrate our points?

73. 有沒有東西可以事先提供給對方（如預讀的資料），使會議能夠更有成果？
Is there anything I can give to them beforehand (e.g., prereadings) that will make this meeting more productive?

74. 客戶目前處於什麼狀況？他們（在工作、家庭等等方面）感受到什麼壓力？
What's going on in this person's world right now? What pressures are they feeling (at work, at home, etc.)?

75. 客戶對我報告的內容會有什麼反應？
How will they react to what I have to say?

76. 在時間分配上是否保有足夠的彈性，以便大家有問有答，熱烈討論，以及／或是處理客戶可能想要討論的其他問題？
Is there enough flexibility built into the schedule to have a vibrant, give-and-take discussion, and/or to pursue other issues that the client may want to discuss?

77. 在開會前我們還需要哪些（關於與會者、其他重要數據等的）額外資訊？
What additional information do we need (about the individuals who will be attending, other important data, etc.) before this meeting?

78. 我打算在這次會議上，提出哪三、四個會要大家動腦筋的問題？
What are the three or four thought-provoking questions that I plan to ask at this meeting?

79. 我認為開完這次會議，可能有什麼後續動作？
What do I think will be the likely follow-up to this meeting?

2. 建立關係

如何從只是相識進展到有意義的關係？

當彼此更了解時，關係便會加深。這意味著你必須分享重要的經歷，顯現私下的一面，並建立不只是工作上，而是感情上的連結。

人際關係是動態的，很少會一成不變。關係如不進步、演變，就是停滯、荒廢。下面這一組問題有助於確保你和別人的關係不斷成長、深入、愈來愈好。

建立私人交情

80. 你希望別人如何記得你？
What would you like to be remembered for?

81. 你一直以來最大的成就是什麼？

What has been your greatest accomplishment?

82. 這一生中帶給你最大滿足的是什麼？
What has brought you the most fulfillment in your life?

83. 這一生中你最快樂的日子是哪一天？
What was the happiest day of your life?

84. 有哪些領悟（獲得成功、人際關係、為人父母等等），你但願自己年輕時就懂得？
What do you wish your younger self had known about (success, relationships, being a parent, etc.) that you know today?

85. 能不能談一談你本身的工作歷程，還有你如何做到今天的職位？
Can you tell me something about your own career and how you got to your current position?

86. 在現在這家公司工作，你最喜歡的是什麼？
What do you like best about working for your organization?

87. 基於本身的工作效能以及時間的運用，你希望能夠少做點什麼，而在哪些活動上多花點時間？
In terms of your own effectiveness and how you spend your time, what would you like to do less of, and on which activities do you want to spend more time?

88. 談談你的家庭。你的小孩多大了？
Tell me about your family. How old are your children?

89. 在你不必為公事煩心時，你如何度過閒暇時光？
When you're not shaking things up here at work, how do you spend your free time?

90. 你對（某件時事、選舉結果或其他事情）有什麼看法？
What do you think about (a current event, the election results, or anything else)?

91. 有哪些人是對你影響很大的榜樣或良師益友？
Who have been influential role models or mentors to you?

92. 你是在哪裡長大的？成長的過程如何？
Where did you grow up? What was that like?

93. 你的父母是什麼樣的人？你從他們身上學到什麼？
What were your parents like? What did you learn from them?

94. 如果你不是（從商、教書、行醫等等），你覺得自己應該會去做什麼？
If you hadn't gone into (business, teaching, medicine, etc.), what do you think you would have done instead?

95. 假使你今天必須寫自己的訃文，你會怎麼寫？

If you had to write your obituary today, what would it say?

96. 你讀過後最難忘的書（電影、音樂會等等）是什麼？
What's the most memorable book (movie, concert, etc.) you have ever read?

97. 你覺得自己是外向還是內向的人？你為什麼會這樣覺得？
Do you think you are an extrovert or an introvert? Why do you say that?

98. 就電子郵件、電話、書信、面對面開會、或社群媒體等等而言，你會怎麼描述你的溝通風格與偏好？
In thinking about e-mail, the telephone, written correspondence, face-to-face meetings, social media, and so on—how would you describe your communication style and preferences?

99. 我對你早期的事業發展不太清楚，能不能請你談談大概最初五年的工作情形？
I don't know much about your early career—can you tell me about what you did during the first five years or so?

100. 你是怎麼開始的？
How did you get your start?

101. 你認為你的主管目前最迫切的課題是什麼？
What do you think are your boss's most pressing issue right now?

了解別人的日常生活

102. 能不能講講你的工作狀況？占去你最多時間的是哪些類型的活動？
Can you tell me about your work? What kinds of activities take up most of your time?

103. 每年年終時，你的績效是根據什麼來考評？
At the end of the year, how will you be evaluated?

104. 貴公司今年對你的要求是什麼？
What is your organization looking for from you this year?

105. 你目前正在執行哪些重要的專案或新計畫？
What are the major projects or initiatives you are working on?

106. 現在什麼事對你很重要？
What's important to you right now?

107. 你目前生活中最熱中的是什麼？
What are you most passionate about in your life right now?

108. 今年你希望能完成的最重要的事是哪些？
What are the most important things you'd like to accomplish this year?

109. 如果一週額外有幾小時的空閒，你會用來做什麼？

If you had a couple of extra hours in the week, what would you spend them on?

110. 當你不……時最喜歡做什麼？（例如上班、做家務等等）
What are the favorite things you like to do when you're not …?

表現同理心

111. 告訴我，你的近況如何？
Tell me, how are you?

112. 你可不可以說詳細一點？究竟發生了什麼事？
Can you say more about that? What's going on?

113. 當你說感覺……，是指什麼意思？
What do you mean when you say you're feeling ...?

114. 你認為為什麼會發生那種事？
Why do you think that happened?

115. 你對那件事感覺如何？
How did you feel about that?

116. 我正試著想像你的感受。我想應該是（憤怒、尷尬、驕傲等等），對嗎？
I'm trying to imagine what you're feeling. I think it's (angry, embarrassed, proud, etc.). Is that right?

117. 你說你現在有多（憤怒、尷尬、驕傲）？
How (angry, embarrassed, proud) would you say you are right now?

118. 發生這種事是否令你很為難？我可以想見那真的是很大的挑戰。
Was what happened difficult for you? I can imagine it was really challenging.

119. 你是否感覺那是該做的事？或者，你是否認為那是正確的回應？
Do you feel that was the right thing to do? Or, do you think that was the right response?

120. 看起來我們討論的其實是兩個不一樣的議題，對不對？或者，你好像覺得進退兩難，是不是這樣？
It seems like there are really two different issues going on here, is that right? Or, it seems like you feel stuck between a rock and a hard place …is that right?

121. 你打算怎麼做？或者，你覺得你有哪些選擇？
What are you thinking of doing? Or, what do you think your options are?

122. 我有非常類似的經驗。可以與你分享嗎？
I had a very similar experience. Can I share it with you?

123. 有沒有我可以幫得上忙的地方？
Is there anything I can do that would be helpful?

徵詢客戶的意見

124. 從你的角度看，你覺得我們合作得怎麼樣？
From your perspective, how do you feel our collaboration is going?

125. 你能不能誠實的評估我們一起工作的狀況？
Could you give me an honest assessment of our work together?

126. 對於你我雙方的合作關係，你有沒有希望改變的地方？
Is there anything that you'd change about our relationship?

127. 我在哪些地方應該加強？哪些地方可以少做？
What should I be doing more of? Less of?

128. 在貴公司有沒有我需要多花時間去接觸的人？
Are there individuals in the organization with whom I need to spend more time?

129. 對目前為止我們的溝通是否足夠？
Is there sufficient communication so far?

130. 我是否做得稱職，讓我們所努力的能夠切中你們最關鍵的優先要務？

Am I doing an effective job at linking our work to your key priorities?

131. 我做過的哪些事對你們幫助最大？
What have I done that has been most helpful to you?

132. 我在哪些地方幫助了你們達成目標？
In what ways am I helping you to achieve your goals?

133. 你覺得我目前所著重的，是不是對貴公司而言最核心最關鍵的課題？
Do you feel I am working on the most central and critical issues for you?

134. 我可以怎麼使你們工作得更得心應手？
How can I make your life easier?

135. 我可以怎麼使別人跟我更輕鬆地做生意？
How could I make doing business with me easier?

136. 我該怎麼做才能成為你和貴公司的好聽眾？
In what ways could I be a better listener to you and your organization?

137. 貴公司有哪些業務範圍或是單位部門，是你認為我應該要更了解的？

Are there any aspects of your business or parts of your organization that you think I should understand better?

138. 整體來說，我若要從旁協助你們達成目標，該怎麼樣才可以做得更好？
Overall, how can I do a better job of helping you to meet your own objectives?

139. 有沒有其他我們應該認知或替你們考量的問題？
Are there any other issues that we ought to be aware of or thinking about for you?

140. 你是否有別的顧慮想提出來討論？
Do you have any other concerns that you'd like to put on the table?

141. 在1到10的量表上，你有多大的意願，會想跟朋友或同事推薦我和我們公司？
On a scale of 1 to 10, how enthusiastically would you recommend me and my firm to a friend or colleague?

3. 指導或輔助別人

在你的生活中，此時此刻，有誰正因你的經驗和智慧而受益？你的年齡多大不重要。不論你是在工作上或個人生活上指導或輔助他人，這是你所提供的一種很特別的服務。

當你在指導某個人的時候，具有威力的提問尤顯珍貴。它們協助你引導另一個人，自行尋找解決方法，而非硬性指定方向；也協助你讓另一個人的希望、恐懼和夢想浮現。你可以用有力的提問來挑戰他們，目的是要讓他們展翅高飛，而非綁手綁腳。

142. 在我們的合作關係中，我該怎麼出力才會對你最有幫助？
How can I be of the greatest help to you in our relationship?

143. 你接受輔導或教練指導的經驗中，收穫最豐富的是哪一次？效果那麼好的原因何在？
Wha's the best mentoring or coaching experience you've ever had? Why was it so effective for you?

144. 你目前最重要的目標是什麼？
What are your most important goals right now?

145. 你目前正在努力解決的問題是什麼？
What questions are you grappling with now?

146. 有哪些問題我可以幫你解答？
What questions can I help you answer?

147. 在目前的生活中你最樂此不疲的是什麼？
What are you most excited about in your life right now?

148. 有沒有什麼事是你感覺很難做到，可是如果能夠去做，會使你加倍成功的？
Is there something that you feel is very difficult to do, but which, if you could do it, would substantially increase your success?

149. 你打算在多久的時間內完成這些目標？
What is your time frame for achieving these goals?

150. 為了達到你的目標，你必須完成什麼？
What will you have to accomplish in order to get where you want to be?

151. 在思考如何達成這些目標時，最令你擔心的是什麼？
What are you most afraid of as you think about trying to achieve these goals?

152. 你目前面對的最重要的障礙是什麼？
What are the most important obstacles you're facing?

153. 你想不想得出任何能夠除去這些障礙的方法？
Is there anything at all you can think of that would remove those obstacles?

154. 能不能請你扼要說明這個難題？它是怎麼演變到現在這種地步？
Can you give me an overview of the problem? How did it get to this point?

155. 你迄今嘗試過哪些辦法？成效如何？
What have you tried so far? How has that worked?

156. 你能想像到的最佳解決辦法是什麼？
What's the best resolution to this that you can imagine?

157. 你以前有沒有處理過類似的問題？那次的情況如何？
Have you ever dealt with anything similar before? What happened in that case?

158. 對於這個情況，有什麼你但願自己知道，可惜卻不知道的事情？
What don't you know in this situation that you wish you knew?

159. 可不可以就你剛才說的舉個例子？
Can you give me an example of what you just stated?

160. 回顧過去，你最成功的地方在哪裡？原因是什麼？
Looking back, what have you been the most successful at? Why?

161. 就記憶所及，你是在什麼時候對工作真正感到滿意？

When can you remember being truly satisfied at work?

162. 目前的工作最讓你感到滿意的是哪些部分？
What parts of your work, today, are the most satisfying to you?

163. 你最強的能力有哪些？
What are your greatest abilities?

164. 你最看重什麼？
What do you value most?

165. 為了朝目標繼續邁進，並且完成目標，你需要對哪些東西放手？
What are some of the things you need to let go of in order to move forward and accomplish your goals?

166. 你對自己的事業前途有什麼夢想？
What is your dream for the future of your career?

167. 在我們這段談話中，對你最有幫助的是什麼？
What's been the most helpful to you in this conversation?

168. 根據這次的討論，你認為接下來該怎麼做？
Based on this discussion, what do you see as your next steps?

4. 處理危機或抱怨

聽到別人的怨言時，我們的直覺反應往往是辯解，並力求證明對方並不了解事情的全貌，一定要讓對方心服口服，你亟欲證明自己是對的。

然而當我們心情不好時，情緒彷彿就變成事實。人人都希望自己說的話不要被當成耳邊風，都希望被了解，因此理智的雄辯無法使你占上風，反而是火上加油，讓緊張的關係愈演愈烈。在出現歧見時，我們的目標不是贏得辯論，而是贏得關係！

在危機或難關的第一階段，你必須由問問題著手。發問可以讓你獲得重要的資訊，而最重要的是，可以找到解決問題的盟友。

169. 謝謝你向我提起這件事。能不能把你知道的相關細節全部告訴我？
Thank you for raising this with me. Can you tell me everything you know about the situation?

170. 能不能請你再多加說明？
Can you say more about that?

171. 真是這樣嗎？
Really?

172. 後來怎麼樣了？
What happened then?

173. 對方有什麼反應？
What has their reaction been?

174. 你認為這件事怎麼會演變到今天的地步？
How do you think it reached this point?

175. 還有什麼可以向我透露的？
What else can you tell me?

176. 發生這種事我很抱歉。請問在目前的狀況下，你希望如何解決？
I'm sorry this happened. What would you like to see done at this point?

177. 這件事對我格外重要。我們最快什麼時候可以見面，當面來談？
This is extraordinarily important to me. How soon can we meet to discuss this in person?

178. 我再詳細調查一下會不會比較好，然後過兩天我們再面對面討論一些解決問題的建議舉措？
Would it be helpful if I did some additional fact-finding, and then we could meet face-to-face in the next couple of days to discuss

some proposed actions to address this?

179. 這段期間如果再發生任何事，你能不能馬上讓我知道？
If anything else surfaces in the meantime, can you let me know immediately?

5. 與上級對談

我們應該有什麼表現，抱持什麼態度，才可以讓上級對我產生信心？

正如刺激思考、搔到癢處的提問，能給客戶留下深刻的印象，你的上司或公司領導階層也會因此對你另眼相看。你能夠有效地處理工作，達成目標，這件事固然重要，但是個人的態度和見識也很關鍵。

你是自以為是的人嗎？還是展現出適度的好奇心與熱愛學習？你孤芳自賞嗎？還是經常會徵詢同事和上司的意見？

以下的問題將幫助你與上級打交道，並且讓你帶著富求知慾且對公司有向心力的正字標記。

180. 今後十二個月內，我們公司要推動哪些最關鍵的新方案？
What are the most critical initiatives for the organization over the next 12 months?

181. 你未來十二個月要優先達成的要務是什麼？
What are your own priorities for the next 12 months?

182. 你的上司今年對你有什麼期待？
What does your boss expect from you this year?

183. 我們在達成目標方面，哪些地方是進度剛好或超前，又有哪些地方是落後的？
In terms of accomplishing our goals, where are we on track or ahead of plan and in which areas are we behind?

184. 在你追求目標的過程中，有沒有任何我可以效勞的？
Is there anything I can do to support you as you pursue your goals?

185. 我可以如何協助你做這個決定？
How can I be helpful to you as you make this decision?

186. 我可以如何協助你執行這個決定？
How can I be helpful to you as you implement this decision?

187. 可不可以告訴我，你和公司高層是如何做出這個決定的？你們還考慮過哪些別的選項？
Can you share with me how you and your leadership reached that decision? What other options did you consider?

188. 你認為你本身將來會遭遇什麼重大挑戰？
What are the major challenges you see yourself facing in the future?

189. 未來有什麼事令你迫不及待？
What gets you excited about the future?

190. 回顧你過去的工作經驗，曾替你做事並且表現傑出的人，有什麼共同的特點？
As you look back over your career, what has characterized the outstanding performers who have worked for you?

191. 在你看來，你認為我最重要的短、中、長期優先要務，應該是什麼？
From your perspective, what do you think my most important priorities should be in the short, medium, and long term?

192. 在我下次的績效評估時，假如我想要做出超乎你對我期望的表現，在這段期間我需要做到哪些？
If, at my next performance review, I wanted to exceed your expectations for me, what would I need to have done between now and then?

193. 你認為我最大的長處有哪三項？最大的缺點或需要改進的地方又是什麼？

What do you think are my three greatest strengths? My biggest weaknesses or developmental needs?

6. 與部屬交流

偉大的領袖懂得借重犀利的發問。他們明白，如果凡事都自己唱獨角戲，想要別人心悅誠服，機率幾近於零。反之，如果提出問題讓員工去找答案，讓員工認為那是他的發現，將來開花結果的機率就大增。

頤指氣使、只顧自己的看法，難以讓部屬真心效命，也無法放手去做事。雖然給答案讓你覺得這樣才有領導人的架勢，可是會問問題才能讓別人願意跟隨。

194. 我們有沒有在做任何已經不重要或欠缺效益，而該停止的事情？
Are we doing anything that is no longer important or effective and that we should stop?

195. 對於幫忙公司成長，你有沒有什麼想法？
What ideas do you have to help grow our organization?

196. 在這方面我們可以如何改進？
How can we improve this?

197. 為了使公司更成功，你認為有哪一項最重要的行動是我們可以採取的？
What do you think is the single most important action we can take to make our organization more successful?

198. 你知道我們為什麼要這樣處理嗎？
Do you know why we do it this way?

199. 追根究柢你覺得在這方面真正的問題出在哪裡？
What do you think is the real problem at the bottom of this issue?

200. 是否有什麼阻力妨礙你有效的完成工作？
Is there anything getting in the way of your performing your job effectively?

201. 針對如何……，你可以提供什麼建議？（如降低成本、增加營收、提升生產力、促進創新等等）
What ideas can you suggest for …?

202. 怎麼樣才能使你的工作更有趣，更讓人樂在其中？
What would make your job more interesting and exciting?

203. 你希望到公司的哪個部門工作？
Where would you like to go in our organization?

204. 有哪些額外的資訊或資源可以增進你的工作績效？

What additional information or resources would allow you to be more effective?

205. 在你看來，我能發揮最大效用、產生最大影響的地方在哪裡？
Where do you see me being the most effective and having the most impact?

206. 你最喜歡你工作的哪一部分？
What do you love most about your job?

207. 你的工作中最具挑戰性的是哪些部分？
What are the most challenging parts of your job?

208. 根據你的經驗，你認為我們的企業文化是什麼？
Based on your experience, how would you describe the culture of this organization?

209. 是什麼使你對在這裡工作感到驕傲？
What makes you proud to work here?

210. 你能不能舉出一項最近的管理決策，是你不了解的或但願能知道更多的？
Can you point to a recent management decision you didn't understand or wish you knew more about?

211. 領導階層該怎麼做，才能和整個組織溝通得更有效率？
What could leadership do to communicate more effectively to the organization?

212. 公司裡有誰是你希望能更了解的？
Who in our organization do you wish you knew better?

213. 最近有什麼來自顧客的反應？
What are we hearing from our customers lately?

7. 評估新提議或構想

我們如何判斷一個新構想是好是壞？會有前景，還是根本不切實際？

我們每天不斷聽到各種提議和想法。也許是公司的下屬，提出需要投資的新提案。也許是子女想要學新的運動，或是打算朝哪個專業發展。

不管談話的對象是客戶或家人，以下的問題將使你能夠探究、理解和評估他們的提議。

214. 你為什麼要做這個？（吸引你做這件事的理由是什麼？）
Why are you doing this? (What appeals to you about doing this?)

215. 你的使命是什麼？

What is your mission?

216. 這件事有什麼地方對你很重要？
What is important to you about this?

217. 你最重要的目標是什麼？
What are your most important goals?

218. 你特別希望達成什麼？
What, specifically, do you hope to achieve?

219. 做完的成果會是什麼樣子？
What will the results look like?

220. 你想要得到什麼結果？
What outcomes do you seek?

221. 怎麼樣才算成功？
What will success look like?

222. 這會如何影響……（顧客、員工、供應商、支援人力或其他人）？
How will this affect …?

223. 你認為這會造成什麼改變？
What changes do you think this will create?

224. 你認為會不會有任何負面後果？
Do you think there could be any negative consequences?

225. 這對你用其他方式或在其他地方行動的能力，會造成什麼限制？
How could this limit your ability to act in other ways or other places?

226. 你最重要的假設是什麼？
What are your most important assumptions?

227. 你對……有怎樣的假設？（任何幾個可能影響最後決定的變數）
What are you assuming about …?

228. 你如何查證那個假設是否正確？
How could you verify that assumption?

229. 如果你有一個關鍵的假設是錯，要怎麼辦？
What if one of your key assumptions is wrong?

230. 你有什麼計畫？
What's your plan?

231. 你打算採取什麼處理方式？
How are you going to approach this?

232. 你需要什麼協助或資源來完成這項計畫？
What help or resources do you need to accomplish this?

233. 你計畫什麼時候開始？
When do you plan to start?

234. 哪些因素控制了你的時間分配？
What factors are governing your timing?

235. 早一點起步有沒有好處？晚一點呢？會有什麼壞處？
Are there advantages to starting sooner? Later? Disadvantages?

236. 誰會決定或影響時間的安排？
Who will decide or influence the timing?

237. 哪些地方可能出錯？
What could go wrong?

238. 等待或無所作為會有什麼風險？
What are the risks of waiting or doing nothing?

239. 為使這件事成功，有哪兩、三件最要緊的事一定要進行得很順利？
What are the two or three most important things that have to go well in order for this to succeed?

240. 你可以控制哪些風險，又有哪些是控制不了的？
Which risks can you control, and which are uncontrollable?

241. 你還考慮什麼其他的事？
What else have you considered?

242. 假定你毫無顧忌，你打算做什麼？
If you had no constraints whatsoever, what would you do?

243. 這與其他替代方案相比優劣如何？
How does this compare to other alternatives?

244. 次好的替代方案是什麼？它有沒有可以改變的地方，讓它看起來是最好的選擇？
What's the next-best alternative? Is there anything that could change to make that one look like the best alternative?

245. 這是否符合你的使命？
Is this consistent with your mission?

246. 這跟你的信念和價值觀是一致的嗎？
Is this consistent with your beliefs and values?

247. 這和你一直公開表達的意見是一致的嗎？
Is this consistent with what you've been saying publicly?

248. 這和我們公司正在進行的其他新措施有多一致？
How consistent will this be with other initiatives that are going on in the organization?

8. 改進議事效率

會議最糟糕的結果就是浪費時間，得不償失。只要問問在大公司上班的人（小公司也一樣），一定會聽到有多少時間是消耗在、多半也是浪費在，永遠開不完的會上。

提出以下問題，可使你參與的會議更有效果和生產力，而首先要問的就是：「有沒有不必開會的替代做法？」

249. 這次會議的目的是什麼？
What is the purpose of this meeting?

250. 我們希望達成什麼？
What do we hope to achieve?

251. 還有哪些人會出席或應該出席？
Who else will be there or should be there?

252. 會議要開多久？為什麼要開這麼久？
How long does this need to be? Why?

253. 可不可以三十分鐘開完？（不必花一小時。）
Can we do this in 30 minutes? (rather than an hour.)

254. 除了開會還有沒有其他的替代方式？
Is there an alternative to having a meeting?

255. 我們需要做哪些決議？
What decisions do we need to make?

256. 我們是否充分了解以便做出決議？
Do we know enough to make a decision?

257. 我們已做了哪些決議？
What decisions have we made?

258. 我們覺得這次會議進行得如何？
How do we feel this meeting went?

259. 我們的時間是否被善用？
Was this a good use of our time?

260. 我們是否達成了原本期望的目標？
Did we accomplish what we had hoped?

261. 事後檢討，我們該不該開這個會？
In retrospect, should we have held this meeting?

9. 爭取捐助

我們估計，美國有三千多萬人在當非營利組織的理監事或董事。你也可能在做這種職務。

這些董事或受託人的主要責任之一就是替組織募款。以下提供一些有力的問題，你可以用於募捐對象。隨之而來的將是有助於深入對方心靈的交流。

262. 你覺得我們怎麼做，才能對社區（病人、學生、遊民等等）提供最有效的服務？
How do you feel we can most effectively serve our community (patients, students, the homeless, etc.)?

263. 如果你是執行長，而且有把握達成任何目標，那你會為我們這個團體做些什麼？
If you were the CEO and knew you could achieve any objective, what would you undertake for our organization?

264. 你對這個團體的服務評價如何？你會建議他們怎麼擴大服務範圍？
How do you feel about the services of this organization? What would you suggest they do to expand their outreach?

265. 你希望如何得知你的捐助獲得什麼成果？

How do you like to be told about the results of your gift?

266. 你是什麼時候開始想到，做慈善是你人生重要的一環？
When did it first occur to you that philanthropy was important in your life?

267. 如果你是我們的董事，你覺得我們可以怎麼最有效地運用你的捐款？
If you were a board member, how do you feel we could most effectively use your funds?

268. 你會對我們這個團體進行什麼改革？
What would you change about our organization?

269. 我們可以在哪些方面，提供更好更切合需要的服務？
In what ways could we serve better and more effectively?

270. 你為什麼認為我們在圈內是其中一個較知名的團體？
Why do you think we are one of the better-known organizations in our community?

271. 我們應該怎麼做才能夠更廣為人知？
How can we become even better known?

272. 我們應該如何把我們的訴求表達得更好？
How can we do a better job of telling our story?

273. 對於我們這個團體的執行長，或其他你知道並一起合作的團體的執行長，你最喜歡的是什麼素質和特質？
What qualities and attributes do you like best in the CEO of our organization or of another organization that you know and work with?

274. 你是本校校友。我們曾經如何幫助你為人生做好準備？
You're a graduate of our college. In what way have we helped you prepare for life?

275. 獲得表揚對你有多重要？
How important is recognition to you?

276. 你認為捐贈後最理想的表揚方式是什麼？
What is your idea of perfect recognition for a gift?

277. 你希望你的捐贈獲得什麼方式的感謝？
How do you like to be thanked for your gifts?

278. 你與我們這個團體互動的經驗如何？
What has been your experience with our organization?

279. 對我們這個組織，你感覺如何？
How do you feel about our organization?

280. 你覺得這個專案怎麼樣？

How do you feel about this project?

281. 你最讚許我們的計畫的哪方面？原因是什麼？
What aspect of our program do you like the most? And why?

282. 我們用什麼方式傳送資料，最能引起你的注意？
What is the best way to get your attention with the material we sent?

283. 你最初是基於什麼原因把第一筆捐款給我們？
Why did you make your first gift to us?

284. 你停止捐助本機構，請問是什麼原因？我們有什麼地方做得令你失望？
You stopped giving to our organization. Why? How have we disappointed you?

285. 你是從什麼時候開始捐款，是什麼原因促使你這樣做？
When did you start giving money away and what made you begin?

286. 你捐助最多的是哪個機構？捐了多少錢？
What organization is the recipient of your largest gift? How much have you given them?

287. 我們必須做哪些改變，才能在你的優先捐助名單上排得更前面？

What would have to change to get us higher on your giving priority list?

288. 什麼捐助曾帶給你最大的快樂？
What gift has given you the greatest joy?

289. 景氣對你有什麼影響？
How has the economy affected you?

290. 請問最令你失望的一次捐助是什麼？
Tell me what gift has caused the greatest disappointment?

291. 你是基於什麼動機，捐助給你現在認捐的機構？
What motivates you to give the organizations you do?

292. 你這一生最希望有所成就的是什麼？
What do you want most in life to achieve?

293. 你希望別人如何記得你？
How would you like to be remembered?

天下財經 392

好問題建立好關係

善用發問的力量，贏得好感，招來職場、人際、人生的好機運
Power Questions: Build Relationships, Win New Business, and Influence Others

---

作　　者／安德魯・索柏（Andrew Sobel）、傑洛・帕拿（Jerold Panas）
譯　　者／顧淑馨
封面設計／ Javick Studio
責任編輯／黃惠鈴、郭政皓、李育珊
發 行 人／殷允芃
出版部總編輯／吳韻儀
出 版 者／天下雜誌股份有限公司
地　　址／台北市 104 南京東路二段 139 號 11 樓
讀者服務／（02）2662-0332　　傳真／（02）2662-6048
天下雜誌 GROUP 網址／ http://www.cw.com.tw
劃撥帳號／ 01895001 天下雜誌股份有限公司
法律顧問／台英國際商務法律事務所・羅明通律師
總 經 銷／大和圖書有限公司　　電話／（02）8990-2588
出版日期／ 2014 年 04 月 02 日第一版第一次印行
　　　　　2020 年 01 月 20 日第二版第一次印行
定　　價／ 330 元

Power Questions

書號：BCCF0392P
ISBN：978-986-398-499-3
天下網路書店 http://www.cwbook.com.tw
天下雜誌出版部落格－我讀網 http://books.cw.com.tw
天下讀者俱樂部 Facebook　http://www.facebook.com/cwbookclub
本書如有缺頁、破損、裝訂錯誤，請寄回本公司調換

好問題建立好關係：善用發問的力量，贏得好感，招來職場、人際、人生的好機運／安德魯 . 索柏（Andrew Sobel）, 傑洛・帕拿（Jerold Panas）著；顧淑馨譯 . -- 第二版 . -- 臺北市 : 天下雜誌 , 2020.01
面；　公分 . --（天下財經；392）
譯自：Power questions : build relationships, win new business, and influence others
ISBN 978-986-398-499-3（平裝）
1. 商務傳播　2. 職場成功法
494.2　　108020663

天下雜誌
觀念領先